U0347699

历史建筑外饰面清洁技术
Cleaning of Historic Architectural Facade

戴仕炳　朱晓敏　钟燕　陈琳　张涛　著
By Shibing Dai　Xiaomin Zhu　Yan Zhong　Lin Chen　Tao Zhang

同济大学 出版社
TONGJI UNIVERSITY PRESS

本书获下列基金赞助：

同济大学高峰计划课题"多气候环境下外饰面微损清洁技术研究"

国家重点自然科学基金项目：我国地域营造谱系的传承方式及其在当代风土建筑进化中的再生途径（项目批准号：51738008）

高密度人居环境生态与节能教育部重点实验室（同济大学）开放课题"传统建筑材料年代考证方法研究"（201810301）

浙江省南太湖精英计划（2015）：城乡遗产建筑保护修复材料

序
Preface

这是一部关于文化遗产保护专项技术——历史建筑外饰面清洗的系统研究和专著。

听闻这部大作的主题,首先是大为好奇,甚至,有一丝担忧。历史建筑,外饰面清洗?立即使人联想到历史建筑保护中的真实性、岁月洗礼、"如画"之美等核心理念和原则。该不会充满挑战和争议吧!

19世纪,在文物建筑保护最早形成科学体系的欧洲,曾出现过一场"反修复运动",其矛头直指当时的风格式修复。约翰·拉斯金(John Ruskin,1819—1900)推动了那场著名的"保护运动",他指出,"在那些历史建筑中,尽管这种偶然的、破败的'画意风格'并不是建筑的主体部分,但它是一种'高尚的画意风格',是'岁月留下的如黄金般珍贵的印迹',是时光在物品上留下的刻痕,正是这些使建筑独具特色"。[《建筑七盏灯》(The Seven Lamps of Architecture),1849]因而,它们不应当被"修复"。

人们对历史建筑的兴趣和感知离不开岁月留下的斑驳,与不同时期的添加或改变。大自然之手在岁月流逝间抚摸人类创造物所形成的"画意",是不可复制的历史价值和美的组成要素。"保护运动"的主张者们认为,历史建筑被"修复"后,给人的感觉是像被"活剥皮"一样。反"修复"者认为,对于历史建筑来说,"这实在是一种谋杀"。反"修复"运动的核心组织之———英国古建筑保护协会(SPAB),也被人们称作是"反对刮除协会"。

有人对不必要的修复大声疾呼:

"请暂缓冷酷的工作,放弃你苛刻、无情、邪恶的修缮,定神凝视片刻,远古的珍存!

……千万轻手轻脚,切莫磨损它们早已旧败的容颜。也莫强加现代的美饰。要满怀敬畏,处理碎石及青苔。"[《教堂建筑评论》(Remarks on Church Architecture),珀蒂(Petit),1841]。

"保护运动"所形成的认知,延续到19世纪80年代意大利建筑保护领袖卡米洛·博伊托(Camillo Boito,1836—1914)的如画性修复,奥地利艺术史学家阿洛伊斯·李格尔(Alois Riegl,1858—1905)的古迹岁月价值论述,意大利文化遗产保护理论家切萨雷·布兰迪(Cesare Brandi,1906—1988)《修复理论》提出的尊重并保护古锈(patina),等等,一以贯之,不断丰富和发展。并被接受和体现在1933年的《雅典宪章》,1964年的《威尼斯宪章》,以及后来一系列政府间或非政府间的国际共识文件中。

梁思成先生在他1963年那篇文物保护理念的巅峰之作《闲话文物建筑的重修与维修》中也生动地比喻,"把一座文物古建筑修缮得焕然一新,犹如把一些周鼎汉镜用擦光油擦得油光晶亮一样,将严重损害它的历史、艺术价值"。

这些保护理念关系到历史建筑的方方面面。而且，很显然，如何对待历史建筑外饰面的问题，首当其冲。

那么，这部《历史建筑外饰面清洁技术》是否着力于研究、推广种种应用于历史建筑的"擦光油"，以及它们的使用技术呢？满怀兴趣拜读，却赫然发现，开宗明义，这部书的"前言"明确声言，"历史建筑的外立面是建筑风格、建筑艺术等的重要载体，也是留存历史信息及饰面工艺的媒介。因此，对污染的外立面进行最小的干预尤为重要。"

本书赞同欧洲文物建筑保护史上著名的"反清洁运动"以来的科学保护理论体系，关注到"对修复'真实性'的追求以及对'岁月价值'的认识撼动了人们对清洁的固有概念，即原有的那种完全清洁方式会带走为修复对象增值的历史感，相应的也会破坏人们对修复对象真实的理解"，从而认定"欧洲经过数世纪的实践与争辩已经证明追求绝对干净实则是破坏了文物和建筑遗产的历史价值，只要留在其表面的斑驳不会对本体造成破坏或加速本体的破坏，这些斑驳是没有必要清除而恰恰需要保护的，因为这些印记是岁月价值的体现"。"完全式清洁无疑会造成历史价值的破坏，事实上，只要是清洁就会造成破坏，无论是多么细致的清洁方式"，而"健康而非绝对干净是目前国内外清洁追求的统一目标"。

这竟是一部"反"历史建筑外饰面清洗的论著！

不过，说《历史建筑外饰面清洁技术》是一部"反"历史建筑外饰面清洗的书，是对于此前疑虑的回应。实际上，这是一份着眼中国和国际文化遗产科学保护概念、理论和国际共识，在真实性原则和"最少干预"框架内研究

历史建筑外饰面保护和必要的清洁技术与工程的专著。

这部专著直面历史建筑保护工作普遍面临的现实，明确指出，"虽然清洁无疑会造成破坏，然而不清洁同样也会造成破坏。因而，我们对于清洁的讨论首先应该超越'破坏'，让我们如同马克思·弗里德伦德尔（Max Friedländer）承认'修复是一种必要的恶'那样，首先承认清洁是一种'必要的恶'。于是，重要的是如何清洁"。作者认为清洁的目的，是"为清洁在材料和技术、历史和美学之间寻求实现的平衡点"，归纳了目前可认定的清洁原则："少干预、无损、有效、生态"作为四个主要目标，同时将清洁技术与预防性保护相结合。

作为文化遗产的历史建筑，最基本的，或者说相对最客观内在的价值，是实物的历史见证价值。保护和传续这一根本价值，首重物质的原物原状。《中华人民共和国文物保护法》规定，对文物建筑的保护维修必须遵循"不改变文物原状"的原则。但是，由于对文化遗产属性和价值认知的不同，对于何为文物的"原状"，至今争论不休。前些年重大文物保护工程项目中曾经出现的"再现辉煌"之争，就是一次生动的反映，并引发了国际社会的关注和东亚地区历史建筑保护《北京文件》的产生。

我和文物保护界的老前辈谢辰生先生多次讨论过"文物原状"的问题，商量过可否在可行的时候，进一步明确界定"文物的原状，是其在科学保护体系和法律框架下，被当代社会认定为文物保护对象时的'现状'。'现状'中如果存在不利于可持续保存的因素，应予整治，并遵循'最少干预'的原则，依法依规办理"。谢老同意这一表述，并提及过去在《文物保护法》制定和修订的过程中，也曾关注到，

并赞同约翰·拉斯金的文化遗产保护思想体系。

历史建筑的外饰面是其历史价值及其真实性重要的外在形象和承载界面，也是其岁月属性和"如画"美的直接呈现。同时，历史建筑的外饰面也直接承接时光风雨的剥蚀和社会动荡的洗礼，遭受不同程度的影响或破坏。自然气候环境条件、历史文化背景各异，对历史建筑外饰面产生的影响因素或污染源，复杂多样。历史建筑本身的材质、结构、形态等方面的差别，也形成了在同样外部条件下种种不同的反应。

理念和原则之后，在现实和实践中如何判断和认定历史建筑外饰面语境下的文物"原状—现状"，怎样鉴别与处理可能的劣化、侵蚀、或过分的遮盖漫漶，这是文化遗产保护业界一个敏感、重大、困难的理论与实际相结合的课题。

"最少干预"当然不是不干预，但在什么情况下干预，怎样干预，干预到什么程度，就历史建筑的外饰面来说，尤其难以决断。另一方面，既然保护中包含必要的干预，那么，历史建筑外饰面也就必须直面外饰面具体的清洁需求、相关科技和不得不顾及的禁忌。

这部《历史建筑外饰面清洁技术》在现代科学保护体系框架中，根据历史建筑外饰面千差万别的自身属性、特征和历史沿革，所处自然和人文千差万别的外部条件，历史建筑外饰面变化的机理、内涵、过程、现象和价值关联，历史建筑外饰面清洗所追寻的目标，保护原理和准则，处理方式和做法，使用材料、工具和技术，操作工艺和流程，清洗中的安全和环保，清洗效果的后续监测和修正，以及以往的经验和成果，未来的发展趋势和展望等，进行了国内外理论与实践的多维梳理、分析和探讨，也提供了国内外相关研究和实践目前所见最丰富的案例汇总。

在科学的保护理念、准则与清洗技术应用、工程项目的诉求和实施之间，如何处处严谨理顺主从关系，并建立合理可行的实操路径；以及如何进一步完善论述内容的整体协调，读者和有心应用者对此书或许仍会留有困惑、疑义或更多渴求。但作为以文化遗产现代科学保护体系的理念和原则为圭臬、以历史建筑外饰面清洗为主题的一部实用技术专著，本书对"真实性"及"最少干预"的理解和遵循，对岁月属性、如画观念的关切和珍爱，对遗产保护理论与工程技术一体结合的历史性归纳、总结和探索，对日常保养的重要性、技术应用的实验检验、清洗效果可逆性的强调，以及对案例、经验和成果的丰富汇集和研析，都难能可贵。它不仅为中国同行提供了集大成的最新全面参照，在国际范畴也会饶有兴味，具有广泛的借鉴意义。

郭旃

中国文物学会世界遗产研究会会长

国际古迹遗址理事会（ICOMOS）前副主席

2019 年 6 月 30 日

前言
Foreword

历史建筑的外立面是建筑风格、建筑艺术等的重要载体，也是留存历史信息及饰面工艺的媒介。因此，对污染的外立面进行最小的干预尤为重要。建筑外立面的清洁不仅对审美是必要的，更是延长建筑外饰面材料寿命的一种必要手段。清洗技术是历史建筑保护、修复及日常维护技术系统中的一个重要组成部分。

对墙面附着污染物的去除，通常会涉及清洁和清洗两个术语的运用问题。本书给予了明确的区分：清洁（clean）是目标，清洗（cleaning）是手段。清洗（cleaning）含水洗（water jet）、脱漆（paint removing 或 paint stripping）、激光清洗（laser cleaning）、喷砂（sand blasting）等，是为达到清洁目标 clean 而采用的多个组合技术的实施过程。所以在本书中，有关为达到清洁目的具体技术描述中，仍然采用清洗这一术语。

回顾欧洲清洁理念与技术的演变，经历了从不假思索地完全式清洁到反清洁意识的崛起，时至今日，清洁仍在材料和技术、历史和美学之间寻求平衡点。今天清洁技术确定了以少干预、无损、有效、生态作为四个主要目标，同时将清洁技术与预防性保护相结合。

结合我国不可移动文物、历史建筑清洁的理念、技术及其发展趋势，通过对过去热点问题的辨析，本书提出"清洁应限定为针对导致劣化的病害所进行的直接干预或为其他预防或延缓劣化而采取的预干预"。健康而非绝对干净是目前国内外清洁追求的统一目标。

为此，对历史建筑外饰面主要材料长期暴露于室外的污染特征、污蚀机理等进行梳理；对以石材、粉刷、清水砖墙、木材等为主要材料的外饰面清洗技术及其原理结合案例进行阐述。

完全量化的标准在清洗技术上是很难实现的，所以，一个安全的清洁技术在任何情况下都需要对细节进行调研和评估。因此本书试图提供一个概要性的清洗实施前后所涉及的全部操作过程，即勘察评估、清洗方案的选择、清洗实施前的小范围实验面的清洁、清洗实施及清洁效果评估。

本书共八章，第一章梳理欧美及我国历史建筑清洁的理念、技术及发展趋势；第二章分析历史建筑主要饰面材料及污蚀类型以及不同气候环境下外饰面的破坏机理；第三章总结各种清洗技术及其适用对象，包括机械物理方法、化学方法、激光法等；第四章讨论清洁技术涉及的操作全过程，包括从调研检测病害到清洁方案设计、清洁实验面、清洗实施、效果评估整个流程；第五、六、七、八章分别对天然石材、黏土砖、粉刷及木材等不同材料饰面的清洁案例进行分析，探讨如何在清洁与保护之间达到平衡。

本书尝试结合当前中国大陆不同气候下的清洁案例，对当前清洗技术进行系统总结，以期对当前外饰面的清洁有一个指导性的作用。虽然清洁案例主要选自中国南北方不同气候下的历史建筑，但具有普遍参考价值。

本书特点是将保护原则和理念与清洁技术紧密联系，具有很强的实用性。本书是针对重要历史建筑（包括文物建筑和不可移动文物）的清洁理念和相关技术的专著，不涉及馆藏等可移动文物或可移动艺术品。撰写本书的初衷是为从事文物保护，特别是不可移动文物保护，历史建筑保护、修缮、利用等工作的设计师、业主及管理人员等提供一些系统的资料，便于了解及评估清洁理念及适宜技术。本书也适合从事保护实践的工程师、修复师、大专院校教师、学生等参考。

目录
Contents

第 1 章　清洁理念与原则

1.1　欧洲清洁理念的发展

1.1.1　从艺术品出新到建筑饰面出新

　　修复首先是一项思辩活动，其次是一项技术操作。修复中的清洁亦是如此，如何清洗直接反映了人们如何理解清洁这一概念。

　　欧洲在 18、19 世纪前对清洁（clean）通常作没有污垢、污迹、油垢等理解，清洁的目的就是为了干净、卫生或者说犹如新的一样，因而清洁在技术操作上常与"刷新""焕然一新"联系在一起。据载，欧洲自中世纪以来，世俗建筑的室内外立面清洁方式就是定期刷一遍不同颜色的新涂料。事实上，世界各地的人们几乎都是这样的习俗，我国传统中家家户户会在春节来临前对自家的房屋进行打扫，以作除旧迎新之意。欧洲许多彩色雕塑、壁画、油画同样地也会定期重新上漆，这幅 1754 年由扬·藤·康佩（Jan ten Compe[①]，1713—1761）为阿姆斯特丹市的画作修复师扬·凡·戴克（Jan van Dijk[②]，约 1690—1769）绘制的肖像画（图 1-1）便记录了这一现象。凡·戴克正在清洗面前的这幅风景画，他左手拿着棉花球，一旁小木板上放着盘子和瓶子，我们可以看到需要修复的风景画右上角泛黄的清漆已经被完全清除掉了。

　　清洁活动还常与宗教祭祀或活动联系在一起，因为这种犹如重生的完全清洁方式能够带来宗教上纯洁、正直的象征感。教堂建筑清洁工程通常与周年庆活动连在一起，如在 1625—1775 年间，罗马的教堂每隔 25 年就会用石灰水刷白一次，以庆祝"圣年"（Holy year）的来临（图 1-2），这种物质与视觉上的清洁在拉丁语中称为"renovatio"或"restitutio"（更新或恢复）。

1.1.2　反清洁运动

　　欧洲对清洁理念上的重大转变大约发生于 18 世纪中期，对修复"真实性"的追求以及对"岁月价值"的认识撼动了人们对清洁的固有概念，即原有的那种完全清洁方式会带走为修复对象增值的历史感，相应地也会破坏人们对修复对象真实的理解。18—19 世纪的欧洲对清洁的抵制，主要来自精英阶层的力量为"反清洁"找到有利的辩护。

　　菲利波·巴勒迪努奇（Filippo Baldinucci[③]，1625—1697）在 17 世纪晚期第

图 1-1 扬·藤·康佩 1754 年绘制的修复师
扬·凡·戴克肖像画
图片来源：维基百科

图 1-2 梵蒂冈的圣彼得教堂
图片来源：维基百科

一次定义与艺术品相关的清洁概念时[1]，也第一次定义了古锈（Patina） 的概念。根据他的定义，"古锈"是因时间关系而普遍存在于绘画上的一些黑点，并且这些黑点的存在有时对画作具有益处。事实上，这是欧洲的古物学家和鉴赏家们一直长期持有的观点。在欧洲，某些受敬拜的宗教雕像或圣象画像是禁止清洁的，只允许对上漆的部分定期重新上漆。因而，随着时光的推移这些物件大多都会发黑，比如波兰琴斯托霍瓦的黑玛丹娜（The Black Madonna of Czestochowa，Poland；图 1-3），而正是这种发黑的状态让物件散发出使人崇敬的神秘氛围。

从 18 世纪晚期一直到 19 世纪结束，在画作表面上一层带色彩的清漆从而将画作的色调变暗已成为一种时尚，而这恰恰是因为暗色调唤起了人们对古老神秘的崇敬之感。威廉·贺加斯 (William Hogarth[④]，1697—1764) 在 1761 年的独创作品《时光熏染的画作》中形象地表达了艺术作品的价值与岁月的关系（图 1-4）。在威廉所处的时代，呈现这种状态的物件往往能够在艺术品交易中竞得更高的价格，因为时光感会让艺术作品显得格外有价值。

19 世纪中叶，约翰·拉斯金首次公开谴责对建筑外立面（主要针对中世纪的建筑）进行彻底清洁的行为。他表示建筑作品的全部就在那外立面的半英寸之间，而这本该是要好好保护的东西。作为拉斯金的仰慕者，意大利语言文献派修复大师卡米洛·博

---

1. 据他在意大利语词汇中对清洁（pulire）的定义，清洁不仅意味着要除去污垢和污迹，而且还意味着要抛光。

图 1-3 波兰琴斯托霍瓦的黑玛丹娜
图片来源：https://www.youtube.com/watch?v=hQWQtCH8s9M.

图 1-4 威廉 贺加斯的时光熏染的画作
图片来源：https://www.metmuseum.org
/art/collection/search/366151.

依托（Camillo Boito[⑤]，1836—1914）也对清洁、清洗和翻新这些行为表示了抗议，并谴责这些行为对伟大时代所产生的痕迹与色彩造成了无可挽救的破坏。之后直至 20 世纪，欧洲许多国家都参与进了一场"反清洁"[2]的运动。

1903 年，奥地利艺术史学家阿洛伊斯·李格尔（Alois Riegl[⑥]，1858—1914）基于历史和人文提出的价值体系中为反清洁运动作总结。他提出纪念物的价值主要分两类：过往价值（岁月、历史、记忆）和当下价值（使用、艺术、新物），而所有作品的价值的一部分都将衰变为历史价值，因而承认作品当下的样子是一种必然，从而推导出完全式清洁（over clean）的不必要性。

1.1.3 清洁的副作用

完全式清洁无疑会造成历史价值的破坏。事实上，无论是多么细致的清洁方式，只要是清洁就会造成破坏，因为面层和基层的关系远比我们想象的要复杂得多。1986 年，理查德·沃布斯（Richard Wolbers[⑦]）第一次为盖蒂博物馆授课时，展示过一张显微镜下木家具上完清漆且反复打磨后的横截面图。截面图照片显示木家具中的天然油被吸收进抛光层中，这也就意味着基层与面层的物质是会相互转移的。因而我们几乎无法达到只清洁而不破坏的理想境界，因为我们处理的是牢牢捆绑在一

---

2. 英语直译为 anti-scratch（反刮擦），因为当时采用的清洁方式主要是机械刮除，类似今天打磨的方式。

一起的化学键。

虽然清洁无疑会造成破坏，然而不清洁同样也会造成破坏。因而，我们对于清洁的讨论首先应该超越"破坏"，让我们如同马克思·弗里德伦德尔（Max Friedländer®）承认"修复是一种必要的恶"那样，首先承认清洁是一种"必要的恶"。于是，重要的是如何清洗。

历史上，修复师已经就修复对象的清洁与真实性矛盾给出了解决方案。早期巴洛克的画作修复者在完成他们的修复工作后会留下记录，其中备受称赞的案例是罗马学院院长卡洛·马拉塔（Carlo Maratta®）在 1703 年修复梵蒂冈拉斐尔的壁画时留下了一处未清洁的区域，以记录壁画清洁前后的状态变化。之后在 1829 年，弗里德里克·鲁卡努斯（Friedrich Lucanus®）将达玛树脂引进画作修复中以避免油基或油灰基罩光层变暗时，他同样建议修复师在修复的每张图片背面标注修复中使用过的材料，便于后人将修复材料作可逆清除。

除此之外，少干预、针对性干预是清洁中很早提出的原则。1758 年，罗伯特·多西（Robert Dossie®）在他的著作《从侍女到艺术》（*Handmaid to the Arts*）中批评了那些所谓的专业画作修复师实则并不懂清洁的艺术。多西首先强调，在不必清除掉画作面层清漆，或在清除清漆存在风险的情况下，应当保留原有清漆。其次，他指出各种不同的画作清洁溶剂功效是不同的，按清洁力从低到高排序，依次是水、橄榄油、黄油、木屑或珍珠贝壳灰、肥皂、酒精、松节油、柠檬精油。同时，他还建议最好采用与构成画作同样的溶剂对画作进行清洁，因为这样的清洁方式更加有效，更为重要的是无损。[3]

1.1.4 高效无损清洁技术

无论是传统的机械清洁法还是现代的化学清洁法，清洗的有效性是一个容易实现的目标。19 世纪后半叶，欧洲大部分中世纪教堂的石匠仅用凿子和锤子就能把教堂的石材面清理得干干净净。那一时期的欧洲北部和西部也有用含盐酸和硅酸钠的浸渍剂进行清洁，或采用喷砂清洁的方法，同样也能将建筑的墙面清扫一新。但是，现在的研究表明，这些清洁方式从长远来看对修复对象是不利的，因为清洗造成的损害比不清洗更大。因而，基于有效性的无损清洁是清洁技术的主要发展方向。

---

3. 虽然多西在 18 世纪中就提出了这套更为合理的画作清洁理念，但他的方法直到 19 世纪才被大多画作修复师实践。

有效、无损的高新清洁技术主要出现在 1945 年后，而这些清洁技术的出现主要源自跨学科保护研究机构中修复师与科学家的密切合作，如罗马的研究中心、慕尼黑的德尔纳机构等。20 世纪 80 年代，随着对材料面层状况和特征的理解加深，同时也随着新仪器如激光、微型工具的问世，面层的物理清洁已经达到先前无可企及的精准。另外，一系列新的化学清洁产品进入市场，尤其是膏状清洁剂和胶凝清洁剂，为化学清洁在面积、时间和渗透度上提供了更精准的控制。在过去 20 年，专家们已经利用这种无损或微损的方式清除砖石质保护对象中的有害水溶盐等污蚀。

此外，专家们在对清洁的态度上也从被动变为主动：选择为保护对象的面层敷设牺牲性保护层。所谓的牺牲性保护层就如同画作清洁后重新上的一层清漆，即是一种可逆且防风化的缓冲层。事实证明牺牲性保护层对诸如抹灰、砂岩等建筑外饰面具有预防性保护效果。这些新的清洁维护理念正赋予保护人员以新的责任感，也为保护人员面对清洁对象时有更多的选择。

1.1.5 安全与环境问题

由于历史建筑物的清洁不是一个一劳永逸的事情，不断地清洁对环境的影响也不容忽视，因而专家们在关注保护对象清洁无损有效的同时，也开始关注清洁的生态性，如意大利的艾丽莎·弗朗佐尼 (Elisa Franzoni) 对水洗法、溶剂法、膏贴法、离子交换树脂法、机械清洁、激光清洁对环境的影响进行了研究与评估，以确定哪些清洗技术是环境友好型的，哪些存在风险。

清洁材料及清洁过程的安全性也是一个重要因素，溶剂型清洁剂的火灾隐患以及有毒杀灭剂的生态安全性使得这些材料的使用只局限于非常小的范围。

1.2 我国外饰面清洁

1.2.1 概念：清洗 - 清洁

在我国众多发表的有关可移动与不可移动的文物清洁研究著作中，用词上常选用"清洗"和"清除"，与"清除"术语相近的还有"去除""脱除"等。"清洗"常指用水或化学试剂"洗"掉某些物质，而"去除""清除"等则指"除"掉某些覆盖物。在日本清洁被称作"洗净"。用于清洗的材料，国内称为"清洗材料"，而日本称为"清洁剂"。这很可能是沿袭自考古对清洁方式的认知。

我们认为，清洁和清洗是两个完全不同的概念。清洁 (clean) 是目标，清洗（cleaning）是技术手段。清洗（cleaning）含水洗（water jet）、脱漆（paint removing 或 paint stripping）、激光清洗（laser cleaning）、喷砂（sand blasting）等，是为达到清洁目标（clean）而采用的多个组合技术的实施过程。

1.2.2 从文物清洗到外饰面清洁

为了解我国对文物和建筑饰面清洁的历史，选用中国知网 CNKI 期刊数据库，梳理对国内发表的关于石质文物、建筑面层清洗的中文文献。通过文物、清洗、清洁、清除、饰面、表面病害机理等关键词筛选出文物清洗领域的相关文献，其结果显示，我国对清洁技术的研究要远远多于和早于对清洁理念的探讨。我国先大量引进欧美流行的清洁材料、工艺和设备应用于文物的清洁，尤其是用于石质文物及馆藏文物的清洁，然后对相关材料、工艺和设备进行研究与评估，然后开展自主研发，近年来将其中一些经济、成熟的技术应用于历史建筑外饰面清洁。随着我国遗产保护实践经验的积累和国际交流的深入，我国已基本建立起一套符合国际标准的清洁操作方式，并开始从理论上关注和探讨清洁的目的、意义与方式。

我国从关注清洁开始，就不断引进当时国际上最新的清洗技术，激光清洁（在我国多被称作"激光清洗"）是其中最早被引进的技术。激光清洁技术多被用于重要石质文物或可移动文物的清洁，因设备需要进口导致费用高昂。近些年，我国石窟文物表面有害污染物清除技术研究课题组，在国家科技支撑计划等专项经费资助下，开发了具有自主知识产权的文物激光清洗设备。这款设备在技术指标上具有在线监测和输出光斑跟踪两个专用功能，能量稳定性、输出光束质量等主要指标达到国外同类产品水平，但价格大大低于国外同类产品。

化学清洗法也是我国文物清洁的主要方式。化学清洗法常用的有：电解质活性离子法、螯合法、氧化还原法、有机溶剂法、凝胶吸附法、敷贴法（包括添加各种化学试剂的敷贴法）等（详见第 3 章）。此外，蒸汽清洗法、微粒子喷射清洗法、生物清洗法等技术被引进、应用有近十年的历史。

根据"十二五"期间国家文物局资助的石窟文物表面有害污染物清除技术研究课题组对化学清洗、蒸汽清洗、微粒子喷射清洗、激光清洗等应用于我国石质文物清洁所做的研究评估，得出如下结论：

（1）综合比较对砂岩表面的粉尘沉积、烟尘黑垢、锈黄和有机黄斑、盐碱、树脂胶、油漆、生物、油脂、墨汁和记号笔等进行的化学清洁技术，可得出凝胶法最具优势。凝胶法可强效吸附多种污染物，清洁效果好，且能与凹凸不平的石壁相贴合，便于施工。采用的凝胶材料是一种胶状物，可防止化学品渗入岩石，揭去后不留化学残留；具较强包裹功能，使挥发性有机试剂的气味明显降低，减少环境污染；该材料为中性，无酸碱危害问题；单次清洗过程仅需 15~20 分钟，明显少于其他化学清洗所需时间。可选择性的重复操作，使清洗效率提高。

（2）蒸汽清洗对飘尘、墨迹、白灰、颜料污染物的清除效果明显；对油污、烟熏污染物具有明显的清除、软化作用，但该种清洁方式只适合表面结合力较弱的污染物，无法进行深层清除。对于油漆污染物，蒸气清洗只能除去表面浮尘，无法达到深层清洁效果。

（3）微粒子喷射清洗对于松散型污染物灰尘、泥土等污染具有良好的去除能力，采用软性磨料如海绵、植物颗粒就可安全去除，适合表面未酥粉风化的各类石材；对于硬质结壳类污染物如水泥、钙质结壳等，采用硬度适中的微粒子（二氧化铝、玻璃微珠、石榴石）喷射清洗效果良好。但该法清除污染物的同时，会对石材本体造成损伤，因此，在硬度适中的情况下，尽量选取较细颗粒。对于结合紧密的油漆或浸入式污染物油污、墨迹等，微粒子喷射清洗效果欠佳，结合本书作者的最新研究成果，喷射清洗宜控制在极小的范围内。

（4）山西云冈石窟和四川绵阳滴水寺现场试验证明，激光清洗工艺参数能实现安全有效的清洗，并且清洁效果良好。

尽管化学清洗、蒸汽清洗、微粒子喷射清洗在我国重要文物表面和历史建筑饰面的清洁中都有应用，但其对面层所带来的损伤也不容小觑。我国历史建筑饰面的清洁，应用最为广泛的还是传统的水清洗方式和简单机械物理清洗方式。机械物理清洗法多使用羊毛刷、油灰刀等工具。水清洗法则根据污染物与基层附着力的强弱，相应采用低压或高压水清洗。采用水清洗虽然能清除掉建筑物表面的尘垢，但水很可能导致保护对象中的水溶盐在清洗后活化、迁移至面层，从而导致清洗的面层破坏。因此，为避免水清洗导致的副作用，无水敷贴排盐法被引进，主要用于重要历史建筑或构件的清洁，该种清洁方式能无损地清除掉保护对象中的有害水溶盐及灰尘、污垢。在多年研究基础上，我国开发出了一种无损排除无机多孔非金属材料表面水溶性盐的浆状材料，由黏土、木质纤维等组成，与基层有非常好的附着力（图 1-5）。

1.2.3　胡武功事件

研究清洁技术的同时，文物和历史建筑饰面清洁的理念也被广泛讨论。2016 年 5 月 5 日晚，陕西省摄影家协会主席胡武功的一篇帖子《唐十八陵石人石马洗澡，千

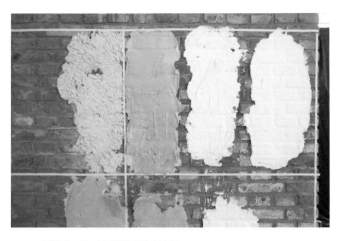

图 1-5 排盐清洁不同配比的排盐灰浆附着力试验
图片来源：戴仕炳

图 1-6 贴文称"未清洗干净"的石人
图片来源：http://culture.ifeng.com/
a/20160506/48703161_0.shtml

年包浆被清洗》引起了对文物清洁问题前所未有的热议。贴文称"为了打造新景观，当地文物部门'除污去垢'，石人石马身上的千年包浆被清除殆尽"（图 1-6）。该文引起民众一片哗然，大量网民对文物部门如此的清洁行为表示愤慨，认为石人石马身上的包浆是其历经千年的印证；也有不少网民赞成文物应做如此清洁，认为所谓的"包浆"对文物更多的是破坏作用。之后陕西省文物局称该文内容不实，其反映的唐建陵和唐崇陵石刻没有进行任何人为清洗。"所有石人石马被清洗得干干净净"的现状是自然现象，文物部门也未安排过任何清理工作。随后，2016 年 5 月 7 日，胡武功通过《法制晚报》发表声明，称"多年来他坚持拍摄陕西省文物遗迹，发文是呼吁大家关注文物保护。这次事件中，他未详细了解文物保护技术，造成不良影响，对文物部门表达歉意"。

　　新闻可能是假的，但引发的讨论是真的。话题可能是假的，但其中的情绪是真的。"胡武功事件"所引发的讨论如同欧洲 18—19 世纪，中世纪教堂石材清洁中的"刮擦与反刮擦"之争。我国民众反应出的情绪和担忧与几个世纪前欧洲的民众是相同的，甚至争执双方所给出的理由也是相同的。对于文物的清洁，我们最需要理解的是"度"的问题。而对于这一问题的理解需要从修复的意义、目的以及修复美学进行梳理。

　　国家自然科学基金在 2013 年所资助的面上项目"我国砖石建筑遗产的古锈

(patina) 保护研究"，就是为了解决历史建筑饰面清洁的"度"的问题。这一课题梳理与廓清了历史建筑面层古锈所具有种种价值的内在机制，丰富了我国对历史建筑清洁的理解。

1.3 技术标准

由于清洁是历史建筑日常保养中极重要的技术措施，各国均加强立法或制定技术标准、工作指南等。其中英国开展这项研究最早，后美国、德国、中国也陆续开展了对清洗技术及清洁目的的研究。英国最有代表性的标准主要有 BS 8221-1-2000：《建筑物的清洁和表面维修的实施规范 - 自然石材，砖，陶土砖和混凝土的清洁处理》（*Code Of Practice for Cleaning and Surface Repair of Buildings—Cleaning of Natural Stones, Brick, Terracotta and Concrete*）。美国材料与试验协会标准中与"石材"和"清洗"相关的有 8 项，代表性的有 ASTM C1515-2009：《已有或者新建、垂直和水平表面的外部石材清洁标准指南（*Standard Guide for Cleaning of Exterior Dimension Stone, Vertical and Horizontal Surfaces, New or Existing*）。美国还对各种清洁效果的检测技术进行规范，便于各种标准指南能够指导操作。

德国尚无国家级别的 DIN 清洁标准或者导则，有关技术指南通过既有建筑维护与历史建筑保护国际科技联合会（WTA）颁布，如《无损去除无机多孔材料盐分的技术导则》等。

我国进入 21 世纪后，开始注重技术标准的制定。我国已建立起在清洁前需对污染物按种类进行记录与分析的流程标准，如将污染物种类按成因不同分类为：粉尘沉积、盐碱结晶、生物和微生物、雨迹水渍、涂鸦划痕、油漆涂料、水泥等，并在现状图纸或照片上用不同色块或填充图案进行记录。与欧美国家不同的是，我国目前还没有形成污染种类划分的标准和统一的制图图例标准。国家文物局及原住建部正在开展相关文物及历史建筑维护保护技术规程，但是目前仍过于笼统，可操作性需要改善。

1.4 外饰面清洁技术的发展趋势

健康而非绝对干净是目前国内外清洁追求的目标。

欧洲经过数世纪的实践与争辩已经证明，追求绝对干净实则破坏了文物和建筑遗产的历史价值，只要留在其表面的斑驳不会对本体造成破坏或加速本体的破坏。这些斑驳不仅没有清除的必要，反而恰恰是需要保护的，因为这些斑驳印记是岁月价值的体现。另一方面从材料科学的角度，追求绝对干净往往会对材料本身造成破坏，过度清洁（over clean）会使原有面层下的基层暴露在外部环境中，导致材料本身的加速破坏。研究表明，不少看似不干净的面层往往结构致密，能够对基层起到有效的保护作用。因而，如非必要，面层的清洗应尽可能地适可而止。

多技术组合的清洗方式，是传统清洗方式与新型清洗方式的结合，是符合健康而非干净的清洁目的的重要手段。如对历史建筑外饰面进行清洁时，高压水清洗法依然是最常用的方式。但在清洗之前应先对含盐情况进行检测，如果水溶盐含量满足水清洗要求的上限，则可以直接采用。如果水溶盐含量过高，则应当先进行排盐清洁，采用高压水会活化基层中盐分。因此，盐含量高时，可以与敷贴法结合使用，且排盐灰浆对建筑外表面的尘垢具有一定的清洁作用。

在干燥气候环境下应极其慎重使用高压水。

对于那些无法用水或排盐灰浆清除的污垢，应当首先采用低损机械清洗方式，通常羊毛刷是最安全、对基层损害最小的一种清洗方式，如果依然无法清除，再考虑使用油灰刀等机械工具。一般情况下，不考虑使用化学清洗、喷砂清洗、激光清洗、蒸气清洗，因为这些清洗方式比较容易造成饰面破坏，有的在操作上还具有一定的危险性。无水的清洁方式因在操作上更加环保与可控，较为适合人员密集地区的历史建筑饰面的清洁。

此外，对于清洁后的历史建筑外立面，欧洲目前会相应地提前做一层薄薄的涂层（shelter coating/stain），有利于清洁后建筑饰面的保养与维护。这一涂层会替代清洁后的面层经受尘垢、雨水等污染破坏，牺牲后加的薄涂层以保护清洁后的面层。这种将清洁与预防保护的做法也是未来清洁技术的一种发展趋势。

本章注释

① 杨·藤·康佩（Jan ten Compe，1713—1761），荷兰北部的 18 世纪风景画家，作品深受阿姆斯特丹市长和海牙德　古特（De Groot）富商喜爱。

② 扬·凡·戴克（Jan van Dijk，约 1690—1769），18 世纪的一位画作修复师。

③ 菲利波·巴尔蒂努奇（Filippo Baldinucci，1625 –1697），被认为是意大利巴洛克时期艺术家和艺术史上最重要的佛罗伦萨传记作家 / 历史学家之一。他在 18 世纪末撰写了《托斯卡纳的绘画艺术词汇》（Vocabolario toscano dell'arte del disegno），用 80 个不同术语提供了十四种风格定义。

④ 威廉·贺加斯（William Hogarth，1697—1764），英国著名画家、版画家、讽刺画家和欧洲连环漫画的先驱。他的作品范围极广，从卓越的现实主义肖像画到连环画系列。他的许多作品经常讽刺和嘲笑当时的政治和风俗。后来这种风格被称为"贺加斯风格"。

⑤ 卡米洛·波依托（Camillo Boito,1836—1914），意大利建筑师、工程师、著名的艺术评论家，艺术史学家和小说家。早年为欧仁·埃马纽埃尔·维奥莱 - 勒 - 迪克（Eugène Viollet-le-Duc）风格式修复的追随者，但到 1879 思想开始显著转变，接受约翰拉斯金（John Ruskin）的影响，提出一整套基于保护真迹应有的身份、地位和视觉显现，不误导人的修复方式，从而既彻底拒绝了维奥莱的风格性修复，又改变了拉斯金的古迹似乎不可修复的结论。

⑥ 阿洛伊斯·李格尔（Alois Reigl,1858—1905），19 世纪末 20 世纪初奥地利著名艺术史家，维也纳艺术史学派的主要代表，现代西方艺术史的奠基人之一。他在其不长的学术生涯中，致力于艺术科学的理论探索，卓有建树，被当代西方艺术史学泰斗贡布里希誉为"我们学科中最富于独创性的思想家"。李格尔改变了 19 世纪的艺术史写作方式，他的每一部著作都为艺术中史打开了一个新的领域，被公认为是现代艺术史学史上的里程碑。1903 年他所写的《纪念物的现代崇拜：其特点与起源》(Der moderne Denkmalkultur, sein Wesen, seine Entstehung) 对纪念物进行的价值构成剖析影响至今，奠定了今日我们对纪念物价值的认识。

⑦ 理查德·沃布斯（Richard Wolbers），特拉华大学（University of Delaware）艺术保护系的副教授，因其对绘画保护的贡献而闻名。

⑧ 马克思·弗里德伦德尔 （Max Friedländer, 1867—1958），德国博物馆馆长和艺术史学家，早期荷兰绘画和北方文艺复兴时期的专家。他对艺术史的态度基本上是一位鉴赏家，优先考虑基于敏感性的批判性阅读，而不是基于宏大的艺术和美学理论。

⑨ 卡洛·马拉塔（Carlo Maratta，1625—1713），意大利画家，主要活跃在罗马，以他的古典主义画作而闻名，画作为巴洛克式古典风格。1704 年，马拉塔被教皇克莱门特十一世封为爵士。随着 18 世纪初期间赞助人数的普遍减少以及经济的衰退，马拉塔转向绘画修复，修复的画作包括拉斐尔和卡拉奇的作品。

⑩ 弗里德里克·鲁卡努斯（Friedrich Lucanus，1793—1872），德国药剂师，艺术爱好者和修复者。

⑪ 罗伯特·多西（Robert Dossie，1717—1777），英国药剂师，实验化学家和作家。

第 2 章 污蚀类型及机理

2.1 历史建筑外饰面污蚀分类

历史建筑的外饰面按照材质主要有五种类型: 天然石材、烧结黏土砖（含瓷砖、陶砖、马赛克等）、粉刷与灰塑、木材、混凝土、涂料彩绘等（图 2-1）。玻璃大面积出现是在现代保护建筑中，而非历史建筑饰面的主要材质。金属（如铸铁）等在历史建筑中主要用于装饰构件，非饰面的主要材质。因此，这两种材质在本书中不予讨论。

历史建筑表面污浊目前没有统一的分类。阿什赫斯特（N. Ashurst，1994）将污蚀（soiling）按照污蚀的成因分成非生物 (non-biological)、生物 (biological) 及变色

①灰塑；②混凝土；③木材及油饰；④清水砖墙；⑤石灰抹灰；⑥天然石材（浅色）及水刷石；⑦水泥拉毛（刷有涂料）；
⑧水泥预制砖；⑨天然石材（红砂岩）
图 2-1 历史建筑主要外饰面材料类型
图片来源: 戴仕炳

(stain) 三个类型。非生物 (non-biological) 主要指环境，如粉尘、气溶胶、烟尘等沉淀在建筑表面导致的变化，也包括水汽蒸发导致的泛碱等。而变色 (stain) 主要指由于自身在环境作用下的颜色变化。

但是，上述三种污蚀总是相互关联。会侵蚀表面的有害沉积物，也会提供促进与大气气体发生化学反应的条件。污垢表面雨后比清洁表面会更潮湿且保持湿润时间更长，从而促进微生物的生长。且灰尘可以成为将大气污染物转化为硫酸和硝酸的催化剂。此外，污蚀一部分是材料劣化（deterioration）的表象，但并不一一对应。

还有一部分污蚀是人为导致的，如涂鸦、油漆及烟熏等。

综上所述，本书按照污蚀的成因类型分为无机非生物覆盖、变色、涂层、生物、泛碱五大类。

2.2 无机非生物覆盖

主要指大气污染物及扬尘导致的覆盖（图 2-2），这种覆盖会部分或完全覆盖住基层的质感及颜色。覆盖物或呈现松散状态，或经过物理、化学等作用（互相之间的物理化学作用或与基层之间的物理化学作用）而变得坚硬。

图 2-2 无机非生物污染类型
图片来源：戴仕炳

2.3 变色

2.3.1 水渍

无机材质的建筑饰面长期处于水作用下，会产生相当明显的颜色变化，不单纯是物理上的颜色深浅而是矿物质发生变化，被称为"水渍"。

另外一种所谓的"水渍"是北方干旱地区砖石等材料的变色（图2-3），主要与强吸湿性的水溶盐（硝酸盐、氯盐等）有关。变色后呈现不同灰度，局部可为黄白等肉眼可见的盐晶体。

2.3.2 自然老化变色

几乎所有历史建筑饰面材料在自然老化过程中均会发生颜色变化，尤以天然石材最为明显。如很多天然石材含有黄色矿物黄铁矿（FeS_2），其与空气接触会发生氧化而形成红棕色铁锈，导致石材变色，副产物为硫酸，腐蚀周围材料。其反应过程为：

$$FeS_2 + O_2 + H_2O \rightarrow Fe(OH)_2 + H_2SO_4$$
$$Fe(OH)_2 + O_2 + H_2O \rightarrow Fe_2O_3 \cdot nH_2O$$

图2-3 砖的变色 - 与强吸湿性水溶盐有关
图片来源：周月娥

2.3.3 清洗后变色

石材表面清洁，特别是采用化学方法清洗后会变色（参见表5-4）。变色是由于表面污染物溶解后，以液体状态在材料孔隙中迁移，并于清洁干燥期间在材料表面上再沉积所导致。或者是化学清洗剂与基层发生反应，形成了不同于基层组分的化学产物。清洗后变色物质有时不在表面形成，不具水溶性，因此难以清除。

2.3.4 火的影响

建筑外饰面变色也有可能是受到火灾影响，特别是浅色石材尤为明显。

因火灾而沉积在砖石表面的污垢大部分为浅层，尽管会有一定程度的渗透，但是黑色污垢不会损坏石材。烟尘污染物主要源自木材、织物（天然和合成）和塑料等的分解产物。

2.3.5　鸟类等动物排泄物

鸟类或其他动物的粪便和筑巢材料会导致石灰石、大理石、钙质砂岩等材料的恶化。这些动物排泄物通常具有弱 - 中等强度的酸性，会腐蚀基层，同时形成可溶性盐。动物粪便的残留痕迹很难完全清除（图 2-4）。

2.3.6　有机物变色

修复裂隙加固采用的有机树脂，如环氧树脂等含有挥发性组分，这些组分会慢慢地扩散到砖石等毛细孔隙中，使得周边材料逐渐产生变色。有机树脂本身也会因紫外线等作用变色，随着有机物的老化，变色会更明显。修复材料中添加的桐油等有机物质也会发生老化变色（图 2-5）。

图 2-4　动物粪便污染
图片来源：戴仕炳

图 2-5　有机修复材料变色
图片来源：戴仕炳

图 2-6　某美食街墙面的变色，与烹饪存在一定关联。
图片来源：戴仕炳

另外一种有机物变色为烹饪排放的油烟导致的变色（图2-6），特别是人口稠密的地区，急火快炒释放的油烟是重要的污染源。

2.4 有机涂层及旧保护材料

有机涂层是各种人为覆盖物如涂料、油漆、涂鸦等。化学成分主要由树脂添加颜料组成，有时含有填料、助剂等其他组分。除非具有重要历史价值，一般的有机涂层应清除。

旧保护材料指过去为了达到美观、降低吸水率、提高强度等而实施的加固或封护材料。这些材料随时日增长，会发生变色或产生起壳等，或者未产生明显老化，但以今天的观念来看不再适宜。在当代修复中，清除这样的旧保护材料是重要工作之一。

2.5 生物附生

生物污染指细菌、微生物及高等植物等通过物理作用（如树根生长产生的压力）、生命循环过程产生的物质交换等而影响历史建筑饰面材料。它主要包括在表面上和内部生长的藻类、真菌、地衣和细菌。一些生物和高等植物会对砌体单元和砌体结构造成严重破坏。

所有形式生物污染的发生，需要特定的水、光、温度、pH 值和营养。光合

图 2-7 涂鸦及覆盖
图片来源：戴仕炳

图 2-8 墙面密封剂老化导致的不均匀变色
图片来源：戴仕炳

图 2-9 积水导致的苔藓等
图片来源：居发玲

生物需要光和二氧化碳。超出其生长条件范围的任何改变都会杀死特定生物。但是也有许多微生物表现出对温度和湿度非凡的适应能力，例如，一些细菌会在 pH 值为 6~9 之间的环境快速生长，某些真菌可以耐受 pH 值从 2~11 的酸性到碱性的环境。

2.5.1 细菌

细菌是一种微生物，可通过它们形成的化学和生物变化鉴别其种类。某些细菌生物从大气中吸收氮气以形成氨和其他含氮化合物，而另一些将氨氧化成硝酸和硝酸化合物。所有这些产物都会对石灰石、大理石或其他石灰基质造成影响。与其他劣化机制相比，这个作用可能是次要的，但可能是其他类型加速老化的形成条件。

建筑饰面会被硝化细菌污染。细菌首先将氨氧化成亚硝酸盐，然后将亚硝酸盐氧化成硝酸盐。两个化学步骤都会产生盐和矿物酸，可能会造成石材等损坏，钙质砂岩特别容易受到这种破坏。细菌生活在石头内的小菌落中，周围覆盖着一层使它们免受干燥或有毒物质影响的薄膜，有研究表明它们的深度可达 300mm。

2.5.2 藻类

藻类通常为绿色，表面变干时则为黑色。有些藻类也呈红色、棕色和蓝色。如果表面潮湿，它们会变得黏稠；如果干燥，则会呈细丝或粉末状。

藻类更适合在各种潮湿的基质上生长，无论是水流经过区还是水分滞留区。如泄漏的下水管下的墙面、高差不大的檐口、经粗研磨清洗的粗糙表面。

藻类也因其能捕获更多的煤烟颗粒，而导致外观变暗。不断增加的表面污染会将环境的 pH 值改变到藻类无法存活的范围，它们会变暗并开始死亡。缺乏水分而死亡的藻类也会变黑，且通常轻微附着于基层表面。

虽然藻类不主要依赖基质作为食物源，但它们分泌的有机酸可以溶解石灰石、混凝土和砂浆中的碳酸钙。藻类细胞侵入砖石孔隙中，会造成基层破坏。细胞随着湿气的变化发生膨胀和收缩，会对石材产生机械影响并导致微裂纹。藻类会将水保留在多孔材料的表面上，由此引起基底的含水量上升。同时，藻类死亡后可成为细菌或真菌的营养（图 2-10）。

2.5.3 地衣

地衣是藻类和真菌的共生体。藻细胞通过光合作用产生食物，而真菌的菌丝则在寻找水。大部分地衣虽位于石头或砂浆表面之下，但在表面之上可以看到它们灰色、绿色、黄色和橙色的实体。石内地衣则完全生活在石材表面之下。地衣基质比藻类更具特异性，有些更喜欢钙质表面或其他硅质表面。

地衣分泌二氧化碳和酸性产品，可以与石灰石、大理石、石灰或石灰质砂岩等发生反应。某些地衣附在一个由细根组成的网络上，可以穿过几毫米的砖石。其生长不仅可以穿过裂缝和毛孔，而且还会破坏材料。某些类型的地衣对石灰石和石灰石表面的破坏很容易被看作是地衣个体的蚀刻凹陷，需要进行更严格的检查以确认是某种地衣类型造成的损害。

地衣不喜欢城市环境中的有害物质，更常见于农村地区。地衣通常是历史建筑病害的主要部分，经常被认为是老化的重要指标。因为地衣具有吸引力的外观会隐藏它们导致腐朽的负作用，尤其对砌体的破坏作用必须正确评估（图 2-11）。

某些地衣对石材表面没有化学或物理损害，但它们保持与表面接触吸取的水分的能力，使其具有破坏性，即使是耐用的石材类型也会受到地衣的破坏。

在相对光滑和良好的表面上，清除地衣通常需要在清洁之前进行低压清洗或用手持工具刮擦或刷洗。

2.5.4 真菌

真菌在基质表面上通常呈现毛茸或斑块形状，颜色有灰色、绿色、黑色或棕色，在避光条件下生长。另外，由于它们不能制造自己的食物，所以必须从砖石表面吸收有机食物。真菌生长在枯枝落叶、鸟粪的厚沉积物或其他生物的遗体上。

真菌有生产草酸和柠檬酸的能力，因此可能会造成石灰石的腐蚀。世界各地多项研究成果已发现，真菌菌丝可穿过石灰石和大理石表面到达相当深的深度，并沿边界移动（图 2-12）。

图 2-10　木材表面的藻类
图片来源：陈琳

图 2-11　地衣
图片来源：https://www.vcg.com/creative/812190337

同时，真菌在一定的温湿度下，可以在木材表面生长，使木材发生腐朽。真菌的繁殖依靠孢子。空气中千千万万的孢子会落到木材表面，而后在适当的温、湿度和环境条件下，发育成菌丝。菌丝能发生分支，聚集成菌网，形成菌丝体。在它们生长发育过程中，以木材的细胞壁肌细胞内含物作为营养物质，并分泌各种酶。这些酶有的能分解纤维素，有的能分解木质素，从而使木材组织受到破坏，最终导致木材腐朽。常见的木材腐朽菌有白腐菌、褐腐菌等。

2.5.5 植物

无论是灌木还是爬行类植物均会对建筑外饰面造成严重破坏，是外饰面日常保养中必须要清理掉的附加物。常春藤（Hedera helix）等爬行类植物可以通过吸盘和卷须的分泌物破坏砖石结构，它们生长的根和茎对砖石结构产生应力并引起机械位移（图 2-13）。只有部分小型吸盘植物对建筑饰面影响不大，它们的叶子可以延缓干湿交替或降低剧烈的温差变化。

2.6 泛碱

泛碱是指在既有建筑材料表面产生带有各种不同色调的白—灰色（有些略带黄色）堆积物。这些堆积物或者分布在表面，或者在表层以下数毫米至数厘米的深度内。按照白色堆积物在水中溶解的能力，可以将其分为可溶解泛碱（水溶盐）和不可溶解的泛碱（如钙华等）两大类。通常泛碱现象是两者混合在一起的。

水溶盐对历史材料的危害很大，会引起表面出现硬皮或硬壳等。水溶盐的相变化（如无水的 Na_2SO_4 遇水后）在一定温度下，会引起结晶形成硫酸钠水合物（$Na_2SO_4 \cdot 10H_2O$），体积增加数倍；其还可能产生次生矿物，如石膏与铝酸盐反应，形成钙矾石。越容易溶解于水的盐，其结晶压力越大，对材料危害越大；温度降低，盐在材料水中的溶解度降低，从而易结晶。因此，冬季更容易观察到建筑表面泛碱。

泛碱的成分很复杂，由材料本身固有的组分（如石英、碳酸钙等）和新生成的水可溶解的硫酸盐、硝酸盐、氯化物等组成（表 2-1）。水溶盐的来源大致可以分成 5 类。第一类为传统材料自身分解的产物，如岩石中长石分解出 K^+、Na^+ 等。第二类为大气污染物与材料发生反应形成的，如汉白玉被含 SO_2 的大气污染形成石膏（$CaSO_4 \cdot 2H_2O$）、泻利盐（$MgSO_4 \cdot 7H_2O$）等。第三类是地下水、雨水等蒸发后残余在蒸发面形成的。第四类为人、动物的排泄物，特别是磷酸铵、硝酸盐等。植物

图 2-12　木材腐朽菌
图片来源：陈琳

图 2-13　建筑外墙上的植物
图片来源：戴仕炳

表 2-1　泛碱的主要矿物成分

在水中溶解程度	矿物或化学成分	可能的来源
在水中几乎不溶解	钙华（碳酸盐）	石灰、水泥石及烧结黏土砖
在水中可溶解	硫酸盐： 石膏（$CaSO_4 \cdot 2H_2O$） 泻利盐（$MgSO_4 \cdot 7H_2O$） 芒硝（$Na_2SO_4 \cdot 10H_2O$） 无水芒硝（Na_2SO_4） 硝酸盐： 火硝／土硝（KNO_3） 氯盐 食盐（$NaCl$） 氯化铵（NH_4Cl） 碳酸盐： 苏打（Na_2CO_3）	① 材料本身 ② 大气污染物 ③ 地下水 ④ 人畜活动 ⑤ 融雪剂 ⑥ 错误修复、保护材料

生长及其死亡的循环产物中也有水溶盐（图 2-14）。第五类为后期修复、加固的新材料，如水泥、过去采用的水玻璃加固剂（如 PS 材料）等带来的泛碱。近些年冬季大量使用的融雪剂也加剧了历史建筑的泛碱。

2.7　复合污蚀

复合污蚀指至少 2 种或 2 种以上的复杂机理导致的污染腐蚀。如泛碱及生物对墙体饰面的共同腐蚀（图 2-15）。

2.8　污蚀、古锈、劣化的区别

目前没有严格定义如何去区别古锈 (patina)、劣化 (deterioration) 或污蚀 (soiling)。无机非生物覆盖、变色、涂层、生物附生、泛碱五大类污蚀中，生物附生和泛碱显然不属于古锈范畴，而无机非生物覆盖、变色、涂层等在特定前提下可能属于古锈的一种表现形式，清洁过程中需要特别注意。属于古锈的前提是无机非生物覆盖、变色、涂层等没有破坏历史建筑饰面的历史、艺术等价值，没有导致明显的进一步劣化，也不影响后续的保护修复等处置。劣化是材料的强度等发生明显变化一种现象，污蚀可以加剧劣化，劣化后的现象部分属于古锈的一部分（图 2-16）。

图 2-14 湿斑（潮解导致）及泛碱
图片来源：戴仕炳

图 2-16 典型的面层劣化（粉化及起壳），如果要保护起壳的材料，在清洁前必须采取特别措施进行预加固
图片来源：戴仕炳

图 2-15 复杂机理导致的微生物、泛碱、变色等于一体的污蚀
图片来源：戴仕炳

第 3 章　清洁技术及材料原理

如第 1 章所述，我国从 20 世纪 80 年代开始不断引进国际上成熟的清洁技术、材料和设备，并逐步开展自主研发。同时，对污蚀的机理也开展了系统研究，逐渐形成比较完整的技术体系和各种类型的清洗材料组合。本章是以上成果的系统总结。

清洗技术按照使用介质可以分为空气法、水清洗法、化学法及机械法。使用的材料包含气态、液态、液态 - 固态（浆状）等。这些方法各有特点，清洁时会多种方法组合使用，以达到最佳清洁效果。

3.1　空气法

空气法是采用压缩空气吹除或用吸尘器吸去灰尘、附着物的方法。该方法的优点是简单方便，对基层损害比较小。缺点是不能深层清除有害物质，此外可能会导致二次污染。主要分类见表 3-1。

3.1.1　压缩空气法或空气研磨法

将空气经由压缩机通过一个皮管和喷嘴吹到需要清洁的表面，可以将厚的灰尘及壳层移除。空气研磨用于砖石表面的压力一般为 1.5~6.8bar(以面积算，从小规模到更大的清洁单元）。喷嘴的大小应根据清洁面的大小而调整。空气研磨会产生粉尘，操作人员应做好防护措施。

表 3-1　空气清洁法分类

类别	原理	应用	优点	缺点
压缩空气法	经由压缩机后通过喷嘴吹到需要清洁的表面	厚的灰尘及壳层	操作简单	会带来一定的粉尘污染；可能造成面层的破坏、磨损
干冰研磨法	利用高压将干冰喷射到表面，利用冲击力研磨	石质构件表层易碎的病害	较弱的磨损、节约能源	会增加局部 CO_2 浓度、有一定噪声
吸尘器清洁法	将吸尘器直接作用于表面	表面酥松灰尘	操作简单	二次扬尘

3.1.2 干冰研磨法

干冰研磨技术是用干冰（CO_2 的固体形式）作为研磨剂，在 -78.5℃，压力为 2.8~12bar 的时候，作用于墙面。干冰颗粒相比其他空气研磨剂来说更细小，对环境影响很小。干冰可直接化为气体 CO_2。然而，化作气体的过程会吸收大量的热量，产生压力和高分贝噪声。

3.1.3 吸尘器清洁法

直接用吸尘器吸除墙面粉尘。该法操作简单，设备常见。操作过程需严格控制距离，或采取一定预加固措施，避免将墙面本体脆弱的部分一起吸除。且需要根据清洁对象采用合适的吸尘器。原则上重要历史建筑或文物宜采用经过水过滤的吸尘器。

3.2 水清洗法

水清洗法是清洁技术中最常见的一种手法。根据不同的基层及污蚀情况可以选择不同压力、不同形态的水进行清洗。不同水清洁方法的优缺点见表 3-2。

水清洗法是较为环保的通用型的清洁手段，但容易造成墙体的潮湿而产生破坏。尤其对历史建筑来说，黏结部位的灰浆很容易因水浸泡而失去原有的功效，造成整个建筑的损坏。实施中，所有可能渗水的地方必须封存，窗户或者其他开口需要用塑料保护。清洁后的水需要及时收集，妥善处理。北方霜冻地区，温度低于 5℃ 时，砖石砌体不能用水清洁。

水清洗法效果受很多不确定性因素的影响，可好可差。主要原因是灰尘油漆等污染物和基层的黏结力不同。另外，有些顽固污垢外观和普通低黏结力的灰尘类似，但水清洁效果一般。这些污垢只要不严重影响审美，不严重破坏材料的干湿平衡，则可以作为古锈保留。

使用水清洁前需对建筑物盐分进行检测，因为水在清除立面污染物浮灰的同时，会激活材料内部的盐分。清洁水在蒸发过程中会将盐分带到表面并结晶，不仅影响表面美观，且损坏建筑材料。另外，需要对建筑饰面材料的强度进行检测，以防止采用高压水枪清洗时的冲击力破坏建筑物。严重干燥地区的建筑外饰面、耐水较差的灰塑、采用石灰、泥砌筑的砖石砌体慎用高压水清洁。

表 3-2　水清洁方法（以石材为例）

类别	原理	应用	优点	缺点	
水浸泡法	盐分在去离子水中溶解和水合作用	用于比较坚固的小型石制品	清除石材内水溶性盐很有效	会使石制品出现块状剥落	
低压喷水	利用低压将水喷淋到待清洁面	清除结构酥松的表面沉积物、松散灰尘	水流柔和，容易控制	费时费水，有水浸泡的危害，会引起可溶盐的迁移和微生物的生长	
高压喷水	利用高压水的冲击力	用于清洁保护级别较低的建筑物表面或光滑、轻微的沉淀表面	高效廉价	控制困难容易洗掉墙本体的脆弱部位	增加基层材料含水率，导致水溶盐二次溶解、迁移；冻融
雾化水淋	用特殊喷嘴将水以雾化状态喷出，慢慢落到石质品表面	大面积的酥松污垢	作用轻柔，无冲击作用，作用面积大	效率比较低，不宜用于孔隙度大、损坏严重的石质品	
水蒸气喷射	高温蒸气的溶解、熔融和杀灭作用以及冲击力和分散作用	用于砖石质建筑、石质文物等表面的微生物杀灭、灰尘清理以及涂料的清洁	有良好去油污效果；微生物的杀灭能力出色	高温会使脆弱材质表面产生微裂纹、不能深层清洁、有安全隐患	

3.2.1　水浸泡法

　　水浸泡法一般被用来清除小型可移动材料中的水溶盐。因需要长时间浸泡在去离子水中，所以要求被浸泡材料坚固，以避免酥松材质在水中浸泡后，因水合作用和盐分的快速溶解而导致其呈块状脱落。

3.2.2　低压喷水法

　　低压喷水法是指用低压水流冲洗待清洁面，移走砖石表面松散的灰尘。因水流压力小，冲击力小，所以比较容易控制方向和轻重程度。但这个过程费时费水费力，容易导致大量积水。积水会造成墙面的连结部分和脆弱部位处于浸泡而被损坏，使得可溶盐在墙体内迁移，并给微生物的生长提供了条件。秋冬季节还可能产生冻融破坏。

3.2.3 高压喷水法

高压喷水法也是常见水清洗法。但是因为其冲击力较大，可能会带来二次破坏。所以该方法多用于清洁普通建筑或者保护等级较低的历史建筑。没有酥松、粉化等病害且表层强度比较高的墙体也适用于该法。古建筑或是石质文物，一般不建议采取该方法。实施中多数使用冷水，可清除表面灰尘、苔藓、藻类和鸟粪等。有些设备采用高压热水，对油类沉淀、墙面的涂鸦等有更好的效果。该清洗方法依赖于操作人的技术，需要保证合适的角度、平均移动速度等。对需要轻微清洁的表面较为有效。加压条件下，水会沿勾缝、裂缝等渗透到墙体，引起其他形式的病变，如泛碱、木材的腐烂和内嵌钢筋锈蚀等（图 3-1）。

3.2.4 雾化水淋

雾化水淋是将水以雾化的状态作用于待清洁表面。这种方法没有冲击力，作用柔和，时间长，效率低。常用来打湿墙面，用最少量的水来软化表面沉淀。污垢软化后，更易被刷子清除。雾化水淋法不宜用于孔隙度大、损坏严重的砖石质材料。

3.2.5 水蒸汽喷射（蒸汽清洗）

现代修复中，这种清洗技术使用较多。因为温度高，能够有效地杀灭真菌、苔藓等，杜绝了微生物的生长繁殖。另外，高温蒸汽的强溶解力对清除涂料也有明显

作用。细小的蒸汽喷雾减弱了墙面的潮湿危害，避免了黏结部位的脱落危险。但如果操作不当，墙体内部可能会因受热膨胀不均匀，引起裂缝。蒸汽喷雾清洁不宜用于碳酸盐类石材、表面有石灰砂浆的墙体表面。英国遗产委员会提出，热水反复冲洗清洁墙面会溶解钙质，造成新的病害。

图 3-1 水清洗可加速钢筋的锈蚀
图片来源：戴仕炳

3.3 化学法

化学法是指用化学材料通过化学、物理和生物化学等作用清除污垢的清洗技术。化学清洗方法可以解决水清洗、激光清洗等不能解决的深层污染清洁问题，且有很多选择性。对于渗入性污染物，目前经典化学清洗方法仍然是最简单有效的方法之一。

进行化学清洗前，首先需了解污染物的成因、特性、基体材料类型、周边环境；其次，要了解化学清洗剂的性能和作用原理。据此，选择合适的化学清洗剂，做到"对症下药"，避免因使用错误清洗材料造成无法挽回的后果。

3.3.1 经典化学清洗方法

目前，国内外应用到的经典化学清洗方法有：电解质活性离子法、螯合清洗法、氧化还原清洗法、离子交换树脂法、凝胶吸附法、有机溶剂法、生物法、表面活性剂法、微乳液法、吸附材料和贴敷技术等，见表 3-3。

化学清洁用于打破污染物与墙基体之间的联结，或者污染物内部的联结。采用

表 3-3　化学清洁法 *

类别	原理	应用	优点	缺点
电解质活性离子法	利用 H^+ 或 OH 离子，与污染物反应，使污染物分子分解或脱离	可渗透到内部选择性地清除渗入性污染物	强酸碱的清洗剂可能危及基体；渗透难以控制；存在一定操作危险
螯合清洗法	与污染物发生配位螯合反应，使污染物变为易溶物	去除难溶盐（如钙盐）沉积物和金属锈斑	有选择性；很好的缓释能力和化学稳定性	浓度可能会影响基体；含磷螯合剂的残留会成为微生物繁殖的营养元素
氧化还原清洗法	与污染物发生氧化还原反应使其溶解或分散	金属离子氧化产生的色斑，如铁锈的痕迹和污垢等	使用方便直接	反应不可控制
离子交换树脂清洗法	利用活性化学基团与污染物发生相互作用，以将其清除		有选择性；用药量少；作用时间长；抑制深处渗透；可垂直操作	成本相对较高

类别	原理	应用	优点	缺点
凝胶吸附清洗法	覆盖于污垢上,利用物理吸附或化学反应作用去除污垢	壁画的失效材料清除、古建筑、石质文物和其他各类彩绘文物上油蜡污染、烟熏、人工污迹	延长作用时间;提高效率;减少清洗剂的挥发、扩散	易在粗糙、多孔材料表面残留,带来二次污染
有机溶剂清洗法	利用相似相溶特性,溶解特定污染物	有机质污染物,比如油脂、石蜡、油漆、树脂,以及由这些物质包裹形成的油性污垢和黑污斑等	速度快;效果好	有一定挥发性和毒性,污染空气和危害操作人员的健康;对多数无机类污垢无效
生物清洗法	利用生物酶或微生物等将表面的污染物转变为无毒无害的水溶性物质	在清洗修复硫酸化的碳酸岩类文物时具有很广阔的前景	加快清洁速度;既清洗又修复;绿色环保	不适用于大型石质文物
表面活性剂清洗法	利用极性的亲水基团和非极性的憎水基团与污染物分子作用,使污垢润湿、乳化、增溶、分散,从而脱落或脱离		效果明显	残留的表面活性剂再清除相对困难
微乳液清洗	根据被清洗材料的性质,将溶剂、表面活性剂和助表面活性剂等按一定比例配置,以达到最佳清洗效果	壁画的失效材料清除、古建筑、石质文物和其他各类彩绘文物上油蜡污染、烟熏、人工污迹	避免表层树脂再溶解渗入;提高清洗效率;更温和易控制;毒性更低,操作安全简便	
吸附脱盐法	水溶盐离子在渗入的去离子水蒸发的同时向表面敷贴的材料中转移	砖石砌体、石质文物表面及内部的盐分	可垂直操作;用药量少;作用时间长;效果明显	多次施工,不能一蹴而就;选择合适的吸附材料

酸、碱、有机溶剂等伴随着添加物（例如，腐蚀抑制剂、加湿剂或其他材料），通过化学反应移除表面污垢。在大量案例中，清洁剂需按顺序使用。如，重度污染的砖砌体清洁时，先用酸性清洁剂，后用碱性清洁剂。同其他清洁方式一样，化学清洁也需要试验，在应用、移除、中和过程中，需精准和细致。对于化学清洗，方法和化学试剂的选择一样重要。另外，需要重视安全和健康，必须收纳处理废液和废气。清洁方法只有经过风险评估和综合评价后才可以使用。考虑到建筑饰面的类型和条件，污染物的特点和程度，现场条件的限制，采用经典化学方法清洁时，应该遵循如下流程：选择化学清洁剂→表面的准备（如预湿）→使用清洁剂→清除清洁剂残余→清洁区域的中和浸泡。因为化学清洁是通过化学反应（如离子交换或者皂化）和物理过程（如膨胀）等打破两者间的联结，所以清洁剂可以配制出液态、凝胶态或是膏／糊／浆状（图 3-2）。如果建筑饰面事先被杀虫剂或者憎水剂处理过，那表面的化学处理可能会更复杂。潜在的影响需要通过试验确定。

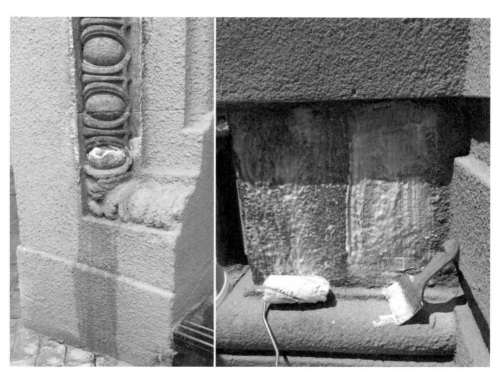

图 3-2　一种具有强腐蚀性的脱漆剂（左）及新型具有触变性能的缓释型脱漆膏（右）
图片来源：戴仕炳

3.3.2 敷贴法

敷贴法是物理、化学结合的清洗方法。

敷贴法最早是为降低水溶性盐分而开发。盐分是破坏建筑饰面完整性、降低饰面强度的重要病害。通过表面溶解吸附等方法降低基层水溶性盐是文物建筑保护工作者经过长期试验，不断改进，得出的简单方便、效率高、可在垂直面施工的清洗技术。原理是利用水溶盐离子的毛细作用：当去离子水渗入到基材时，将盐分溶解，后通过水分蒸发，盐分随着水的转移，慢慢集中到可以去除的表层敷贴材料中，从而降低基层盐分的方法。不同的盐分溶解度、毛细扩散速度等不一，敷贴材料停留在基层表面的最佳时间也有区别。为了降低水分的挥发速度，特别是在极其干燥的地区，可以覆盖塑料薄膜。吸附脱盐的敷贴材料一般会选择孔隙率高、附着力良好的材料。材料性能要求可参考德国 WTA 技术导则"无损去除无机多孔材料盐分"。实际施工中需注意不能损伤基层，同时不改变基材的颜色。

近期研究还发现，敷贴法使用的浆状材料中可添加弱酸（如草酸）、弱碱（如苏打 Na_2CO_3）或活性盐（如硫酸氢铵）或表面活性剂（如 EDTA） 等， 增加清洁的效果。

敷贴法因以上优点，将成为使用最广泛的清洁方法之一。

3.4 机械物理法

机械物理清洗对基层影响程度可弱可强。与化学方法不同的是，机械物理法几乎不会有新材料残留在基层材料表面。所以，机械物理法是无法采用水洗和化学清洗时的最佳清洗方式。常见的机械物理清洗方法见表3-4。

3.4.1 手工清洁法

手工清洁是机械清洁最简单的一种方式。工具包括刷子、油灰刀、扫帚等。对于松散的灰尘和有机物，可以用刷子去除，但是刷子的选择很重要，主要依据表面的硬度来选择。强度较低，未过分烧制的砖面可以使用硬刷子，如天然猪鬃和尼龙刷。合金不锈钢或者磷铜质刷，则只能被用于硬度更高的砖石等。不能使用碳素不锈钢刷，因其容易损害基层，且易发生锈蚀。角磨机、圆磨机、旋转表面抛光等不推荐用于历史建筑砖石表面的清洁。

表 3-4　机械物理方法

类别	原理	应用	优点	缺点
粒子喷射	利用压缩空气带动粒子（或弹丸）喷射到表面进行微观切削或冲击，以清除污然物	慎重应用	无化学品危害、水冲击破坏和湿度危害；有一定的控制性；能够掌握清洗速度；可清除大面积的不溶性硬垢层	针对性较差；易磨损；会产生大量的粉尘
超声波清洗	超声空化作用、浸蚀作用、振动作用以及水流冲击的综合效果	建筑墙面；复杂建筑零件，如各种砖雕、线脚	无损、轻便，易于移动；省钱省力；无环境污染	反应不可控制
激光干洗法	激光脉冲的振动、粒子的热膨胀、分子的光分解或相变	石雕、石刻、各种边角等表面精细结构以及年代久远的石质文物	选择性强；不直接接触清洗表面；定位准确；随机控制、及时反馈；有利于环境保护；清洗范围广	过高温度可能会使表面变色，对操作人员的眼睛有潜在危害
激光＋液膜法	将液膜置于基体表面然后用激光辐射去污		冷却作用，提高效率	液膜可能会渗透残留
激光＋惰性气体法	激光辐射的同时，用惰性气体吹向表面，使污染物从表面剥离后，直接被吹离			同激光干洗法
激光＋琼脂法	琼脂凝胶涂在需要清洗的物体表面，然后用激光辐射去污		保持湿度、减少应力、避免颗粒的附着、减少对色彩的损伤、避免人体吸入污染物，不损伤艺术品的表面	同激光干洗法

3.4.2 粒子喷射研磨

3.1 节空气法中讲到过压缩空气法，实际操作中，有时是利用粒子喷射法来增加清洗效果。粒子喷射是将粒子利用压缩机喷射到待清洁面，通过研磨、冲击等作用，清除表面难溶性硬壳、尘垢等杂质，同时打开被污垢堵塞的毛细孔。选择粒子喷射，一定要注意所选粒子的硬度、大小、喷射的压力、距离及角度。

建筑饰面上最常见的积尘、土锈及钙化结壳等无机形态的污染物，其硬度及强度一般小于建筑饰面。清除时，应选择硬度小于基体的软性粒子（如海绵颗粒、核桃砂等）并采用较小入射角度。

彻底清除浸入式污染物（如油污、烟熏类）需采用接近或者超过建筑饰面硬度的粒子，连同浸透层一同被清理。**这种方法会给建筑饰面带来磨损。**所以一般会采用软性粒子减轻污染物覆盖。现在的建筑饰面很多被油漆等有机涂层覆盖，其表面具有弹性。采用微粒子喷射研磨清洁的效果不佳，采用乳液清洁膏加高压水清洁效果会较好。

如果建筑饰面有微生物类污染物，因为微生物层和饰面之间存在酥松的病害层。所以只需要选择硬度低、带尖锐角度的核桃砂，以较小的入射角度（30～60°），就可以在不磨损基材的情况下快速清除病害。

粒子喷射在施工时需谨慎。施工前需对施工人员进行培训，施工时要做好防护，以防造成伤害。同时，施工要精准控制，防止对建筑饰面打磨过深，损坏建筑饰面原来效果。

粒子喷射属于有损清洁技术（图 3-3，图 3-4），并产生粉尘、噪声等，在历史建筑保护中的应用受限。加水或水雾的粒子喷射尽管可以降低粉尘，但是很难控制磨损程度（图 3-3）。

3.4.3 超声波清洗法

超声波清洗是一种新型清洁方法。超声波清洗是利用高频振荡不断的冲击待清洁面，使得表面及缝隙中的污垢脱落，从而达到清洁效果。

超声波清洗还能有效清除砖砌墙体内的微生物。因为超声波的频率在 20~50kHz 范围内，而微生物在 20kHz 以上的声波环境中，细胞会破裂而导致死亡。研究发现，同样的超声功率下，作用时间越长，杀菌效果越明显，细菌引起的腐蚀速率越低。相同的操作时间（10~20min），320W 功率的超声波灭菌效果比 180W 的好，更有效的抑制腐蚀速率。

图 3-3　使用加水粒子喷射法清洗斩假石表面的仿石喷涂
图片来源：戴仕炳

图 3-4　泰山砖经粒子喷射清洗后恢复其原有颜色，但是表面质感
损失殆尽
图片来源：戴仕炳

超声波清洁能清洗复杂的建筑饰面，对各种污垢都能有效的清除，且对表面无磨损，没有环境污染等问题产生。因诸多优点，国外在很多清洁保护工程中，采用超声波清洁法替代了许多传统的化学、物理清洗手段。

3.4.4　激光清洗法

激光清洗技术是利用激光脉冲的振动、粒子的热膨胀，以及分子的光分解或相变来攻克污染物和建筑饰面之间的结合力，从而清除污染物。激光清洗是无化学试剂、无介质、无尘、无水的清洗，具有可自动对焦，贴合曲面清洗，清洗表面洁净度高等特点，能够清除表面树脂、油污、污渍、污垢、锈蚀、涂层、镀层、油漆等特点。虽然激光清洗法可明显地使污垢、涂料、色斑等被迅速剥离，但也可能使材料表面褪色。为了改善这种情况，研发了激光 + 液膜方法、激光 + 惰性气体的方法、激光 + 琼脂法等。激光清洗是非常专业的技术，感兴趣的读者可以参阅参考文献。

3.5　温差清洁法

物理清洁法包含很多类型，根据材料物理特性的区别，可以采用一些合适而简单地操作来清除表面覆盖物。例如可以利用保护基层和需要清除物体的热膨胀系数的不同来清除污染物。膨胀系数的不同，可以用来打破基层与需清除物体间的黏结力。上海装饰集团公司对上海中山东一路23号（中国银行）进行修复时，就对墙面的清洁采用过这种方式。上海中山东一路23号中国银行立面的墙壁浮雕，今天被视为具有非凡艺术价值的壁画在曾经的"文革时期"，却随时面对被破坏的危险。这一幅石质壁画因为被有心人用水泥砂浆覆盖而免于损毁。当再次面临修复时，需要清除掉表面人工覆盖的水泥砂浆，让壁画重见天日，恢复其原有的风貌。修复方在分析了可能的清洁方案后，认为石材与水泥砂浆具有不同的热胀冷缩系数，可采取对水泥砂浆高温清水浸泡，再用冰水急冷的方式可以达到目的。这种方法，使得表面的水泥砂浆历经急冷而产生收缩，从而在石质基层表面产生位移，最终从石质壁画表面脱落。同时，石质壁画因为受到水泥砂浆的保护，没有经历太大的温度变化，得以原位保存。

3.6   生物杀灭材料

苔藓和杂草等显性生物病害的防治，经典方法是采用各种生物防治剂。如基于烷基二甲基季氨盐的试剂对苔藓、地衣和藻类等具有强大的杀伤作用，兼具预防性和治疗性。草甘膦等除草剂可除植物杂草，但效果如何必须在建筑本体进行实验并科学评估（表3-5）。

但是所有的除草剂或多或少具有毒性，随着生态循环进入人体及周围环境。所以，除草剂、杀菌剂等的使用应限定在最小范围内。

表 3-5　德国石勒苏益格 - 荷尔斯泰因州圣彼得大教堂用生物杀灭剂处理的试验面［M. Auras, 等，2010］

试验面 1	上层石材喷洒兑了异丙醇的 Preventol A 8 灭藻剂（1% 戊唑醇）和 Preventol R 50 灭藻剂（1% 季铵化合物）；下层石材喷洒同样兑灭藻剂、在变干之后涂抹微晶蜡涂层（Cosmoloid H 80，在 Shellsol D 70 含量 为 2.5%）
试验面 2	成品灭藻剂（3% 异噻唑啉酮）
试验面 3	成品灭藻剂（铜复合物溶液）
试验面 4	成品灭藻剂（异噻唑啉酮 + 季铵化合物）
试验面 5	成品灭藻剂（季铵化合物）

比除草剂环保的方案有以下物理和化学方法。物理方法中的高压蒸气法，因温度高可以有效地杀灭真菌、苔藓，超声波也可用于杀灭真菌等。生态化学法可采用石灰等传统生态材料进行杀灭、预防。未碳化的石灰具有强碱性（pH＝13 左右），所有植物、微生物等均不能在石灰中存活。

双氧水、酒精等具有一定的杀灭微生物的作用。有关木材的防虫、杀菌等见第8 章。

第4章 饰面清洁设计与效果评估

历史建筑的外立面是建筑艺术、街区风貌等的重要载体，也是留存历史信息及饰面工艺的媒介。因此，饰面清洁的设计就是规范清洁的流程，以达到在最小干预的前提下，清除病害或者降低其对外饰面的劣化影响。清洁设计的目标是让清洁实施达到"有效、少干预、无损、生态"，同时清洁应与预防性保护相结合。

达到上述目标的清洁程序可以分成四个阶段，第一阶段是保护等级与价值评估，或称清洁保护分类；第二阶段是勘察方案设计，包括现场勘察调研（信息采集）、分析检测（污染评估）、选定清洁技术且进行小面积清洗试验效果评估及反馈等；第三阶段是清洁的实施；第四阶段是后评估及实施预防性保护。

4.1 保护等级与价值评估

我国不可移动物质文化遗产因历史上对价值的认定不同、中央与地方管理体制的不同等多种原因，有不同的身份标识。2015 年颁布的《中国文物古迹保护准则》将古文化遗址、古墓葬、古建筑、石窟寺、石刻、近现代史迹及代表性建筑、历史文化名城、名镇、名村和其中的附属文物定义为文物古迹。按照行政级别，这些文物古迹又分成"全国重点文物保护单位"（所谓国保）；"省级文物保护单位"、（所谓省保）；"县级文物保护单位"（所谓县保）等。在我国，目前存在的登录保护建筑有文物类建筑和非文物类建筑。文物类建筑则是具有一定文物价值，登录为各级文物保护单位的历史建筑。非文物保护建筑常常被称为"历史建筑"。这两类建筑在概念上有时候会重叠，但又不能互含。因为，西方语境中的"historic building"历史建筑可概括所有具历史保护身份的建筑；而在我国通常作为"文物"或"古迹"的身份认定之外的保护建筑。故此，狭义的历史建筑指经城市、县人民政府确定公布的具有一定保护价值，能够反映历史风貌和地方特色的建筑。它区别于文物保护单位及不可移动文物的建筑物、构筑物。从建筑学的角度理解，"历史建筑"是具有一定建筑价值的建筑。广义的历史建筑则包含文物建筑和具有一定价值但是尚没有登录为文物的既有建筑和构筑物等。

因此，在制订清洁方案时，除了要注意材料及工艺（具体案例见第5—8章）特点外，必须明确需要清洁的历史建筑或不可移动文物建筑的身份、保护级别等。一般而言，保护等级越高，要求越严格。本章后续的方案设计流程是按照等级较高的历史建筑的要求设置的。

此外，区别建筑艺术品和一般历史建筑饰面对清洗技术方案的选择尤为重要。精细的敷贴法、激光清洗、超声波等一般适合建筑艺术品、保护等级较高的建筑饰面。而高压水、脱漆膏、普适性的敷贴灰浆等适合一般历史建筑的立面。

最后，需要严格区分历史建筑保护性的清洁和普通建筑的清洗。后者只追求干净，"出新"是主要目的。一般普通建筑的清洗技术或材料只有经过系统评估并确认满足"有效、少干预、无损、生态"等原则后才适合历史建筑。

4.2　勘察设计

4.2.1　勘察调研、采集信息

对历史建筑外立面的污染物进行清洁前，需要系统地对建筑饰面上的污染物进行照片记录、病害分析等，并完成必要的现场检测分析，以了解表面污染物的类型、成分、分布范围，进而分析可能的机理（图 4-1）。

现场需要调研采集的最基础信息至少包含三方面：

（1）建筑饰面基材（含与相关结构基层粘结的粘合材料与构造层次）的种类和性质，特别是残存的原有的色彩及工艺；

（2）表面污染物的类型、程度、分布和性质。污染物的类型、分布等在调研确认以后，可采用国家或行业标准的图示，统一标识于立面图上；

（3）表面污染物侵入或者附着于基材的具体状况。

在了解材料病害的类型之后，应了解现有病害中，什么样的污染物及病害会进一步影响基层墙体的物理化学性能，进而会损害墙体的正常使用或影响建筑物的耐久性。什么样的污染物可以保留？以"少干预、生态、无损"的目标来看，对待病害应尽可能以少干预为主，如对待结壳层，最好的处理方法是保持原位不动，以免损害清洗构件的细部构造。微生物结壳等可能有益于建筑保护的覆盖物需仔细分辨，尽可能不干预。而植物是必须要清除的，除非有针对性的具体措施。

设计好调研过程中需要回答的问题：清洁是基于美学目的还是改善功能需求等维修目的？如果是出于美学，公众对墙面污染的审美接受度是一个参考指标。可通过已有的相关文献作为参考，或者在有条件的情况下，将现场问卷调研作为另一个可能的基础资料，为清洁方案设计提供依据。

为避免清洁后短期又被污染，需要了解什么原因造成当前的污渍或涂层？此

图 4-1 现场的勘察取样
图片来源：周月娥

前建筑采取过什么干预手段？是否被清洗过？采用过什么涂层覆盖？如果之前清洗过，那么清洗残留下来的物质是否与大气、基层等有后续反应？如果存在表面结壳层，如何处理，是否需要清洁？直观分析下来，初步判断为适宜的清洁方案是什么？只有带这些问题去做现场调研以及检测，才可以有的放矢。

现场勘查调研的取样以"无损"为目标，尽可能地取已经剥落的样本。如果无法取得剥落或者将要剥离的样本，则可从建筑本体取芯（比如 $\Phi=20$mm）的样品用于实验室分析。用于检测水溶盐含量的样品必须采用无水取芯或钻取粉末。如果待清洁建筑保护级别很高，具有重大价值，也可以在同一街区同类建筑饰面取样。

4.2.2 实验室分析与清洁实验评估

1. 现状分析

分析检测一般需要从建筑本体获取的样品上进行。分析内容包括变色、涂层特点等（表 4-1）。

水溶盐含量的分析可以按照测定固体样品的萃取液中的离子含量再换算成固体材料的含量的方法。成熟的萃取液分析技术为离子色谱（IC）。评估可参照表 4-2，表 4-3。遗憾的是我国尚无可参考的具有约束性的指标。

需要注意的是，不同的盐晶体对基层的损害是不一样的，因此，保护级别较高的建筑应该分析盐的矿物类型（XRD 方法）。

2. 清洁实验

在对病害进行实验室检测，并分析其与基层的相互作用类型后，可以初步选定一些适宜的清洗技术和材料（图 4-2）。

表 4-1　实验室对污染进行检测分析内容

类型	方法及内容	评估实验
变色	立体显微镜，定性分析颜色类型，深入基层程度。复杂方法还包括扫描电镜	去除颜色的物理、化学方法对比视觉上效果
涂层覆盖	立体显微镜，定性分析涂料粘合剂类型、厚度叠加等	去除涂层实验
泛碱	需无水取样块或粉末，离子色谱法（定量）、导电率法（定性）	评估盐危害程度及理想状态

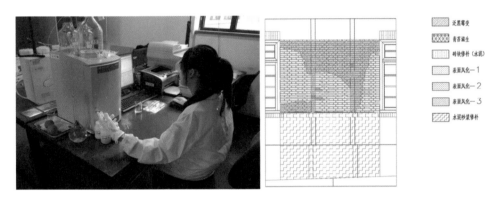

图 4-2　水溶盐含量定量测试与病害测绘
图片来源：周月娥

　　在进行现场清洁实验前，宜采用初步选定的多种方法对采集的样品进行清洁实验，并比较不同清洗材料或不同清洗方法的效果。特别是采用化学清洗之前一定要在采集的样品上做清洁实验。实验室在所取样品上进行清洗实验比现场实验省时、省工，而且效果可以直观记录，用来定性和定量评估清洗效果（表 4-4）。

　　关于清洗材料，建议优先选择市售材料（图 4-3），特别是市场上已经有售且可以提供详细技术说明书和产品安全数据（material safty data sheet, MSDS）的各种清洁剂。如果市售材料满足不了要求，可以委托开发实验，或自主研发。尽可能避免在保护修复工地现场配制各种清洁化学试剂。

　　需要注意的是，所有化学清洗是采用化学试剂打破污染物与基层之间的联结或者污染物之间的联结，化学清洗的操作方法和化学试剂的选择对能否打破联结同样重要。除清洁效果外，安全和健康、废液废气的收纳和处理是必须要考虑的因素。

表 4-2　水溶盐危害程度评估标准 *

盐的类型 (重量 %)	Cl⁻	≤ 0.03	0.03 ～ 0.10	≥ 0.10
	NO₃⁻	≤ 0.05	0.05 ～ 0.15	≥ 0.15
	SO₄²⁻	≤ 0.10	0.10 ～ 0.25	≥ 0.25
	水溶盐危害	轻微	中等	严重
措施	评估及宜采取的技术措施	一般不需要采取措施	需要具体分析，重要的历史构件及干湿交替频繁的材料需要降低盐分	需要采取措施去除盐分，否则影响建筑的修缮保护，破坏历史建筑的特征要素，减少建筑寿命

表中 Cl⁻, NO₃⁻, SO₄²⁻ 的 LaTeX: Cl^-, NO_3^-, SO_4^{2-}

* 备注：适用于重要历史建筑饰面和重要文物。
参照 "奥地利技术规范：B3355-1：砌体排盐 - 第一部分：结构诊断和原则规划"

表 4-3　水溶盐危害程度评估标准 *

盐的类型 (重量 %)	Cl^-	≤ 0.2	0.2 ～ 0.5	≥ 0.5
	NO_3^-	≤ 0.1	0.1 ～ 0.3	≥ 0.3
	SO_4^{2-}	≤ 0.5	0.5 ～ 1.5	≥ 1.5
	水溶盐危害	轻微	中等	严重
措施	评估及宜采取的技术措施	一般不需要采取措施	需要具体分析，重要的历史构件及干湿交替频繁的材料需要降低盐分	需要采取措施去除盐分，否则影响建筑的修缮保护，破坏历史建筑的特征要素，减少建筑寿命

* 备注：适用于一般墙面。
参照 "WTA Merkblatt 4-5-99/D 砖石砌体的诊断评估"

表 4-4　国际上常用清洗效果评价检测项目、检测方法和要求（以石材为例）*

检测项目	数据单位或检测方法	一般要求
肉眼视觉	肉眼判断	目前无标准
标准色度 $\triangle E$	三基色色度计	与原石材比 $\triangle E \leq 3$
水吸收系数 ω	$kg/m^2/h^{\frac{1}{2}}$	处理后 ≈ 原石材
水蒸气扩散阻力 μ	湿杯检测	处理后 ≈ 原石材
生物寄居率	单位表面上放大镜货显微镜下计数	处理后 << 原石材
表面粗糙度	μm，表面粗糙度测量仪	处理后 ≈ 原石材

* 参照张秉坚、尹海燕完善

图 4-3 市场可售的木材清洁制成品
图片来源：陈彦

环保、生态有时是决定性的因素。采用经典化学方法清洁时，应该遵循：选择化学清洁剂→表面的准备（如预湿）→使用清洁剂→清除清洁剂残余→清洁区域的中和浸泡。进行清洁实验时，也需包含上述清除清洁剂残余及中和浸泡等清洁后的工序，以观察清洁效果，同时观察环保效果。如果上述完整工序无法得到满足时，宜采用清洗范围及残余物可控的敷贴法等。

4.2.3 现场试验及清洁方案的确定

在实验室分析和初步的实验室清洗实验后，需进行现场实验。在开展大面积实施前，无论何种保护级别的建筑，都必须先进行现场实验。成功的现场清洁实验样板是成功实施清洁的必要条件。

现场实验的目标是：在满足"有效、少干预、无损、生态"的基本原则下，对材料、设备、技术流程、限制条件、造价预算等细化分析。

1. 现场实验部位的选择

现场实验中，要选择表面病害比较典型的部位，且选择在不显眼的墙面。该区域应该包含足够多的污染类型，且能够代表整个建筑物，例如最脏的区域和最难清洁的点。试验面应该便于观察和评估，也应易于检视。一旦实验面的清洁技术被通过，则该区域应保持不被触摸、污染，作为承包方施工的样板和验收的参照标准。

2. 实验方案

现场实验方案首先要采用实验室初步实验取得的结果。清洁方案的选择往往不只是选用一种清洗技术，有时会使用两种及以上不同的清洗技术结合。每种清洗技术都有其优缺点和适用条件。没有适用于所有污染或者某一个建筑物所有饰面材料的清洗方法。成功的清洁实施不仅与合理技术的选择、审慎细节的把握相关，也与操作者的技术熟练度和经验有关。有弹性、可以重复操作的科学清洗方法是达到清洁保护目标的前提。

因此，清洗实验应处于设计师或业主代表的监督下，由专业的清洁承包商或者修复公司里的熟练操作者来承担。进行清洁实验时的操作者在实际施工时应在现场起到指导作用或者直接参与实际的清洁。承包商应该有过类似项目的经验。用于小规模实验选用的材料和设备应该能在大面积施工时重复使用，从而完成整个项目的清洁。

3. 记录及评估

清洁实验应有完整的文字、图片或影像记录，并作为设计方案的一部分基础资料存入档案。实验区域在清洁前，清洁中和清洁后均应被拍照记录。多种清洗技术组合使用时，应严格按照顺序来进行，记录每一个细节，并通过实验来评估。如采用水清洗或化学清洗时应记录的内容包含水压力、水接触的时间、冲洗方式、预湿过程、化学剂类型、pH 值、稀释和静置时间、冲洗过程、研磨清洁类型、摩氏硬度级别、体积流率和压力等。周围可能影响清洁的条件也应被记录，如温度、湿度和风速等。

另外，需要评估的因素包括预算、清洁过程中操作人员的健康安全问题、建筑使用者的安全问题等。

如果必要的话，某些外表面的颜色或者粗糙度的微妙变化应定性或者定量评估。对于所有的湿清洗方法（化学剂、水和湿研磨等）前后表面盐含量、pH 值的变化等也是定量的评估指标。

实验面应该检测两次（湿面时和干燥后），并且评估需要在相同的气候条件下进行，因为表面颜色和肌理在晴天和阴天不同，在雨季前后也不同。

4.2.4 清洁方案的制定

经现场试验后，通过分析不同清洗材料及清洗技术的实施效果，对清洁方案进行筛选，优选出最终的清洁实施方案，确定可行的清洗材料和清洗工艺，完成清洁方案设计。

清洁方案施工图及相关设计说明应详尽。清洁设计说明需包括：工程概况、清洁方案设计的依据与原则、建筑价值、赋存环境（气候、地质、使用情况等）、历史建筑表面损毁情况初步判定、现状调查及病害（建筑表面现状调查测绘图、病害面积、病害程度与相关量化参数等）、拟采用的保护修复工程措施及施工工艺（针对不同的病害采用不同的修复工艺）、经费概算等。

4.3　清洗实施注意事项

4.3.1　清洗实施

完成清洁设计后，可以对整个建筑立面施行清洁工作。

实施前，施工人员首先要完全理解清洁的目标、流程、技术和材料等，并严格按照设计方案进行施工。实施清洗宜按照干预程度由低到高进行。去除涂料或高压水清洗时宜从上往下实施。宜轻微清洗，忌过度清洗。

在清洁施工阶段，需要对施工人员进行安全防护，尤其是采用化学清洗法、机械研磨法等容易对操作人员造成伤害的清洗方法时。清洗完成后，需要及时处理残留于墙面的试剂或者水汽等，避免造成二次破坏。另外，需要收集残留于散水和地上的清洁试剂，以免对周围环境造成破坏。墙面的化学试剂残留应采用浸泡来中和，减少危害。

严格遵守清洁方案中所选定的施工季节，在满足设计要求的温、湿度下进行清洁。如冬季不可进行水清洁，避免造成对墙面的冻融破坏。

清洁施工时，应做好档案记录工作，选取重要结点，对其清洁前后进行照片记录。

4.3.2　清洁验收

在清洁验收时，应明确清洁的目的主要有三个方面，一是有效，是否去除了有害污蚀；二是价值再现，清洁后审美价值、艺术价值、历史价值得到更好的体现；三是生态性，对环境友好、对操作人员友好及建筑使用者友好的要求等。

我国尚无统一的清洁质量验收标准，合适的标准就是经过实验分析后得出，并经相关专业人士共同确定的实验面。

4.4　保养与维护——预防性保护

清洁后的饰面，一般需要局部修复、表面保护或采取一定的预防性保护措施。

重要历史建筑或文物建筑应制定合适的效果检测与监测机制。因为，有些清洗技术表面上看，短期内起到了清洁作用，但一段时间以后，反而可能会加速材料的损坏。因此，在相对固定的时间间隔，最好是3~5年后，应对所采取清洁措施的持久性、清洁对原始材料劣化的影响等进行检查和监测。可供使用的检测方法有颜色测试、灰度值测试、粉化度测定和毛细吸水系数测定等（图4-4）。

图 4-4 清洁后短期内再次出现的泛碱（与墙体极度潮湿等有关）
图片来源：戴仕炳

4.5 清洁方案设计案例分析——上海市广东路 102 号清除涂料工程

上海市黄浦区广东路 102 号的近代建筑，位于广东路和四川中路交叉路口，建于 1914 年，于 1999 年 9 月被上海市政府公布为第三批优秀历史保护建筑，于 2004 年 2 月被黄浦区文化局登记为不可移动文物。建筑原为三菱洋行上海分店洋行。1949 年由房管部门管理，其大楼露天平台的空中花园可望百米之内的外滩标志建筑。2015 年 4 月，媒体报道广东路 102 号建筑外立面被擅自喷涂真石漆。按照承租方介绍，该建筑使用过程中出现漏水问题，特别是黄梅天漏水严重。后承租方聘请非专业的维修公司对漏水点进行由内到外的简单维修，修补后不仅没有解决漏水问题，反而使墙面出现补丁和严重色差。最后承租方决定采用真石漆喷涂覆盖（图 4-5）。

此事发生后不久，国家文物局在 2016 年 2 月 4 日将"上海市广东路 102 号被擅自修缮案"列入"2014—2015 年"文物行政执法十大指导性案例，对承租方罚款人民币 50 万元，并责令恢复文物建筑被喷涂真石漆前的原貌。

上海市有关单位组织了以院士为组长的专家团队对该案进行督导，委托有经验和资质的设计单位进行分阶段保护设计。其中第一阶段是清除 2015 年喷涂的真石漆，

图 4-5 媒体爆料的上海市广东路 102 号被涂改的历史
图片来源：网络及戴仕炳

即去除历史建筑外饰面上人为污染。

设计单位按本章前述规范的清洁流程采用如下步骤，本着"有效、少干预、生态，无损"的原则，最终成功地清除了喷涂的真石漆。清洁勘察设计概括起来主要分以下步骤完成：

第一步：分析被擅自刷涂料前的墙面材料类型及特点；使用的真石漆的产品技术资料、配比、生态指标等

第二步：海选合适的涂料清除剂。对大约 10 种材料进行了实验，最后确定了两种材料进行现场实验。

第三步：采用面积从小（10cm×20cm）到大（1~2m²）、饰面类型从简单到复杂的不同的现场实验，确定最终的方案。

第四步实施：经过专家委员会对文字、图像、实际效果等多次评估后准许实施，几乎无损伤地清除了后期喷涂的真石漆（图 4-6—图 4-8）。

采用的脱漆膏具有如下性能指标：

(1) 水性， 零 VOC。

(2) 膏状，可以一次涂刷足够的厚度清除厚涂料，并可循环使用。

(3) 对天然石材、水刷石、大理石、钢材、玻璃、PVC 等外立面所有常见的材料无腐蚀。

(4) 缓释，通过覆盖保鲜膜等可延长作用时间。

图 4-7 在没有重要饰面材料部位进行的小面积实验
图片来源：戴仕炳

图 4-8 材料可操作性、干预程度等现场实验（①被真石漆覆盖；②最后选用的脱漆膏除去真石漆后的局部；③对比脱漆剂。材料对花岗石、青石有明显的腐蚀，去除了古锈）
图片来源：戴仕炳

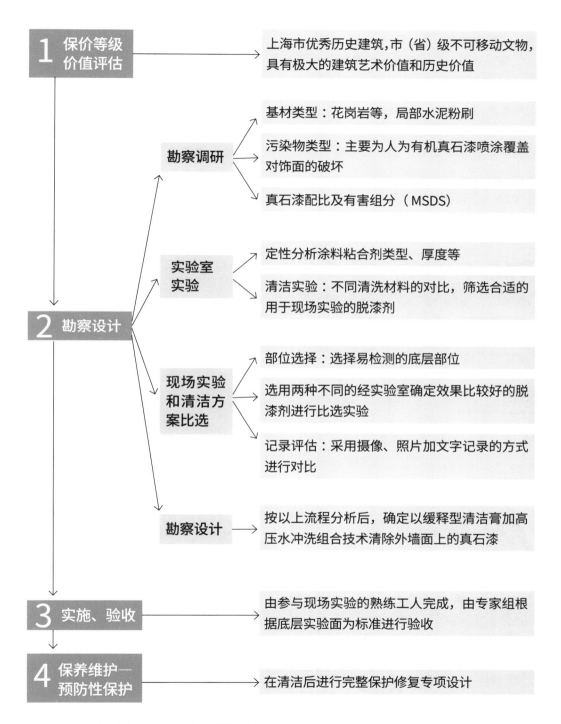

图 4-6 上海市广东路 102 号除去真石漆勘察设计流程图

（5）可降解（图4-9）。

清洗流程如下：将膏状脱漆剂滚涂到墙面，使用量为1~2kg/m²，用保鲜膜覆盖24h后，采用压力水冲洗，局部残余再刷涂一遍脱漆膏，等待2~8小时后，用压力水冲洗。

对墙体进行脱漆清洁后，现场调研显示，钢窗接触脱漆产品的部位未见锈蚀。清洁后的石材表面也未见损害。墙面的石材纹理、原孔洞和加工痕迹清晰可见。复杂的雕刻、阴角交接等复杂部位也得到很好的清洁，原有石材的古锈，甚至包括涂鸦（涂鸦材料不同于真石漆材料）等都没有被清洗破坏，达到了最大限度的还原喷真石漆前的建筑历史风貌（图4-10）。

图4-9　实施前的大面积实验，确定流程、工艺及质量控制指标
图片来源：戴仕炳

图4-10　整体建筑清除真石漆前（左）后（右）效果
图片来源：戴仕炳

第 5 章　石质饰面的清洁与案例分析

　　天然石材是最重要的文化材料（cultural materials），也是研究最多的材料之一。石材为石质文物物质载体，也构成很多重要历史建筑或构筑物的外饰面。石质饰面的研究成果及成功案例也被借鉴到砖质饰面、装饰抹灰等面层。本书中涉及的很多理念主要是早期基于对石质饰面清洁及其副作用的思考得出的。如苏格兰的石材建筑清洗数量在上世纪七十到八十年代达到高峰期后，开始回落，原因是人们已经开始认识到石材清洁的传统方法、设备、技术在应用不当的情况下会带来一些负面的影响，有时会对历史建筑饰面造成不可逆的损害（图 5-1），由此得到"少干预"等共识。本章将分析石质饰面的污蚀特点、适宜的清洗技术，并通过一个特殊案例，分析如何实施或评估清洗的效果。

5.1　石质饰面污蚀特点

　　地质学上将天然石材按照成因分成岩浆岩（也叫火成岩）、沉积岩、变质岩。这种分类对我们理解天然石材与污蚀的关系、选择适宜的清洁技术帮助不大。但是，建筑用石材按照化学成分也可以简单分成硅酸盐类（花岗岩、砂岩、火山岩如梅园石等）（图 5-2），和碳酸盐类（如大理岩、汉白玉、青石、石灰岩等，图 5-3）。

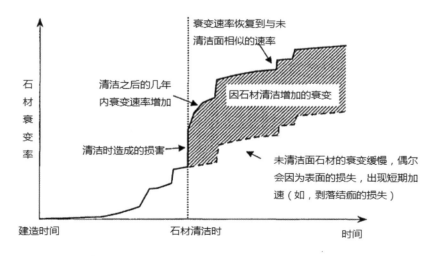

图 5-1　不当清洁后加剧的石材腐蚀（清洁后与未清洁的墙面对比）
图片来源：根据 Maureen E Young，Jonathan Ball 等绘制

前者主要由石英、长石（有时含有黏土）等硅酸盐矿物组成，后者主要由方解石、白云石等对酸性清洗剂敏感的碳酸盐矿物组成。按照石材的总孔隙率也可以把石材分成低孔隙率石材（如大理岩、花岗岩、汉白玉等）和高孔隙率石材（如砂岩）等。

　　用于历史建筑立面的石材丰富多样，但主要包括：花岗岩、大理石、汉白玉、砂岩等。北京的官式建筑，以汉白玉、青白石等碳酸盐类石材为主，而近现代建筑中则大量使用花岗岩等硅酸盐类石材。我国很多地区使用的所谓青石属于石灰石的一种，在化学成分上和大理石相同或近似，均为碳酸盐类岩石。石材的污蚀除了自然因素外，与环境参数密切相关，特别是近年来的大气污染对石材的破坏尤其严重。石材的污蚀从视觉上主要分两类，一类为引起颜色变化的污染病害（表 5-1），另一类为不同形式的原材料损失或缺失（表 5-2）。

　　值得一提的是，曾经被视为古锈的污染类型，尽管没有严格的科学定义，今天已经不再被认为是必须被清洗掉的病害。因为古锈携带第二历史信息，如果对墙体功能未产生破坏、对耐久性未产生影响时，并不需要被清除。这是保护价值观发生变化时对清洁具体技术所产生的影响。在高度污染的城市区域，表面聚集的微粒物质是石材建筑立面劣化的原因之一。立面石材的色彩褪变是影响审美和遗产建筑价值的重要因素。

　　不同类型石材的劣化，既有共性，又各自不同。其受石材本身矿物的组成、温差变化、干湿交替、生物、化学等作用影响。石材劣化相关研究众多，机理方面也有颇丰的科学成果，劣化特征已经有标准的国际术语描述。

　　在石材清洁过程中，具有重要历史价值的石材自然劣化形成的表层弱化的材料如粉末、片状物等常被错误的判断为病害被清除，从而带来历史信息的散失或加剧

图 5-2　花岗石饰面（上海，20 世纪 20 年代）
图片来源：戴仕炳

图 5-3　经过多次清洗修补的汉白玉饰面（北京，清代）
图片来源：戴仕炳

表 5-1　引起表面肉眼可见变色的石材污蚀类型

类型（引起颜色褪变）	具体表现	自然产生还是人为原因
古锈	因长年风化导致的矿物相变，而引起的石材面层及面层以下的颜色改变	自然
黄色锈斑	石材内的铁元素氧化附于表面	自然
油斑	墙面养护过程中产生的油污；靠近厨房引起的食物油脂斑；以及与表面接触的机油、润滑油等	人为
鸟粪	顶部面层容易有鸟粪附着于石材表面	自然
微粒聚集	包括烟粒、粉尘、碳氢化合物、其他无机污染物等在石材表面形成深色污染	自然或者人为
生物生长	海藻、苔藓、细菌、菌类或高植。有着不同的形态和颜色，死亡或者静止的生物有时很难与无机物区分	自然或者人为
泛碱 (salt efflorescence)	可溶盐的短暂堆积，通常是白色或者浅色，发生在雨水聚集区或者潮湿区	自然或者人为
钙华	由于硫酸钙堆积造成的白华	自然
有机材料等导致的黄斑等	化学方法处理会引起石材的漂白或者锈蚀，憎水剂及化学加固会引起表面光洁的视觉效果或者颜色深化	人为
人工覆盖或者涂鸦	在对石材的不当修复中，于石材表面涂刷涂料。如果涂料不具微观多孔结构，水分会被封闭石材内，从而引起石材的进一步腐蚀。当表面粉刷脱落则会呈现明显破落外表从而引起再次粉刷整理的多次破坏行为	人为

注：参考 Maureen E Young 及王振海等整理。

表 5-2　石材表面材料缺失病害类型及因素

病害、腐蚀类型	具体表现	自然因素或者人为因素
蜂窝状	深窝状或者海绵状腐蚀，海边常见	自然因素
表面硬化	内部柔软且易碎，外壳硬化。 由矿物质水泥溶解引起，在表面附近沉积和硬化	自然因素和人为因素并存
剥落	石材表面剥落	大部分是自然原因
表面凹陷	石材表面小而不规则的凹陷。例如不同的粘结物（如泥质胶结、钙质胶结等）会引起砂岩风化的不均一而产生凹陷	大部分是自然原因
不均一风化	因为对腐蚀的敏感性不同，所以，不同的石材表面存在不同的风化程度	大部分是自然原因
颗粒状剥落	颗粒剥落导致表面的损毁，部分与盐析相关	大部分是自然原因
片状剥离	与石材表面平行的小块片状物体剥离	自然因素和人为因素并存
鳞片状	与平面平行的大片状剥落	自然因素和人为因素并存
溶解	可溶物质，特别是碳酸盐，溶于雨水	自然因素和人为因素并存
分层	多个与基层平行的面层剥离，通常表面或者石材边缘比较恶劣	自然因素和人为因素并存
清洁造成的损耗	石材表面的过度清洁会导致表面的损耗（如粉化、起壳等）	人为因素
机械损害	表面的压力导致石材部分的损耗	人为因素
裂缝	因沉降或者压力损害引起石材部分或者贯通的裂缝	人为因素

注: 参考 Maureen E Young 等整理。

本体的损伤。因此要严格区别材料的哪些变色和变化属于要清除的污蚀，哪些属于可以保留或需要保护的对象（图 5-4）。

根据《石质文物病害分类与图示》中的表述，石质文物需要清除的病害主要有以下两大类：

（1）表面生物病害，包括植物病害（如常青藤等）、动物病害（如鸟粪等）、微生物病害（如苔藓等）。

（2）表面污染与变色

①大气及粉尘污染，影响审美及材料物理性能（吸水透气等）的物理遮盖。

②水锈结壳，特别是相关水溶盐（如潮解盐）、容易发生相变或与其他材料反应生成有害物的盐（如硝酸盐、氯盐、硫酸镁和硫酸钠等硫酸盐）。已经起到面层稳定作用的石膏壳等壳状物需要进行评估后才能决定是否应被清除。

③人为污染，遮盖了原饰面的涂料油漆以及涂鸦等，如第 4 章中上海市广东路 102 号后期喷涂的真石漆。

天然石材饰面的某些劣化可以不进行干预，以下原因引起的颜色或者质感的改变，尽可能在清洁过程中不去破坏。

①温差、干湿导致的起皮、粉化等。

②自然过程导致的黄变（包括后期修复不当导致的锈蚀）；在不影响材料的物理性能及美学价值的前提下可以不进行干预。

③具有特殊历史价值的标语、涂鸦等。

图 5-4 污蚀（A= 鸟粪，B= 灰尘，C= 泛碱）与劣化（起壳、粉化）
图片来源：戴仕炳

5.2 石材的适宜性清洁技术及注意事项

石材饰面的传统及现代清洗技术及材料见第 3 章，其中常见的清洗方式及应用趋势见表 5-3。

表 5-3　石材曾采用过的清洗方法

方法	清洗方法的描述	适合的基底材质	应用趋势
喷砂处理	磨粉为硅酸铝，或其他非硅粒子	花岗岩、硬砂岩	−
低压喷砂	金刚砂或者无硅粉末	大多数石材类型	−
海绵	海绵含不同硬度的矿物粒子，用来减少基层腐蚀和灰尘	花岗岩、部分砂岩	+
干冰	100~200kPa 下的冻结 CO_2，无清洁残留物，主要用于移除口香糖等	花岗岩、较硬的砂岩	+
高压水	低—高压水喷射，采用旋转或直射法冲洗	花岗岩、较硬的砂岩等	−
去离子水冲洗	直接冲洗	石灰石、汉白玉和大理石	+
蒸气清洁	高压蒸气软化后移除病害，需控制蒸气温度和水量	都适用	++
酸洗法	低浓度氢氟酸（HF<5%），有时含磷或其他酸性物质，不适用于多孔物质。如需使用，则需用最小浓度，且停留最短时间	大多数花岗岩	−
碱和酸洗法	清洁流程：先碱后酸。不适用于多孔石材，如需使用，则用最小浓度，且停留最短时间	大多数花岗岩	−
酸凝胶	氟化氢铵胶（与水接触后释放氟化氢），不适用于多孔石材，如需使用，则用最小浓度，且停留最短时间	大多数花岗岩	+
敷贴用膏剂	不同产品含不同物质，有些有添加剂，有些含表面活性剂、碱或其他复杂成分。不含有害化学成分的产品更生态	视石材具体的化学组成而定	++
石材清洗剂（工业制成品）	非离子型清洗剂可以增加水洗的清洁效果	大多数石材类型	+

方法	清洁方法的描述	适合的基底材质	应用趋势
螯合剂	通过黏结污染物来促进清洁，在移除污迹时可以用来打破硫酸盐沉淀	石灰石、大理石	+
去污剂	有溶剂和膏剂，含磷酸或草酸、EDTA、柠檬酸钠、亚硫酸氢盐纳、氢盐	视石材具体的化学组成而定	+
激光清洁	高强度激光用于脱落浅色石材面上的深色沉淀，也用于清洁深色石材上的病害	主要用于石灰石、大理石，也可用于其他类石材	−
中性凝胶	附着于表面的乳胶涂料静置一段时间后，污染会附着于乳胶涂料，当乳胶被撕下的时候，粘结在乳胶上的污染物被清除	石灰石和大理石	++

注：参考 Maureen E Young 等的资料整理；— 较少使用；+ 有条件使用；++ 推荐使用

对大部分没有被涂料油漆等覆盖的石材，采用轻柔的蒸气去除物理、化学添加物，配合使用敷贴法来降低水溶盐是干预少且有效的方法。

选择材料及技术时，需要特别注意如下四点：

（1）因石而异，不同石材具有不同的特征：不同的石材其物理性能、化学构成存在非常大的差异。如花岗岩具有较高强度、低吸水性、低孔隙率等特点，大部分清洁技术都适合花岗石。而大理石尽管也具较高强度、低吸水性、低孔隙率，但是由于其矿物化学成分为方解石、白云石等对酸极其敏感的矿物，因此酸性清洁剂用于大理石时，需谨慎对待。

（2）石材的孔隙率及强度：石材的材质越软，孔隙率越大，在清洁时面临损害的风险则越大。机械清洗法不适于清洗较软的材质以及较薄的石材面板。

（3）建造方式及相邻构件：古代建筑石材常采用石灰黏结，一部分近现代历史建筑石材是通过金属龙骨湿贴或干挂于外墙面。清洁过程对石灰或连接件可能产生的影响不容忽视。如采用水清洗方式后，石材表面可能处于水饱和状态，会引起石材附近石灰的劣化或金属连接件的锈蚀。

（4）时间、季节及地域的影响：清洁同类石材时，因其所处的环境气候不同、季节不同而采取不同的清洗技术。如冬天的石材立面应该杜绝水洗的方式，以避免冻融引起石材破坏。不同的温度和湿度也会影响清洗技术的选择。高温会使中性凝胶变粘或产生黄变。

5.3 不当清洗方式可能造成的破坏

不当的清洗技术或过度清洗，会造成石材表面的破坏。常见的破坏包括肉眼可见的变色、漂白、粉化等。高压水等液体清洁尽管是普通建筑清洗的常用技术，但是会去除表面风化的材料，并导致泛碱、湿度增加等，重要历史建筑或文物宜慎重使用。而被认为损伤较小的激光清洁，也会出现"泛黄"等变色现象。被大多数人推荐的蒸气清洗操作不当也会导致面层材料损伤。产生变色或面层材料损失的原因比较复杂，有些原因短期内难以识别。石材清洁的主要副作用见表 5-4。

5.4 石材清洁案例分析—北京某处文物建筑汉白玉等石材的清洁

5.4.1 项目基本概况

北京某处文物建筑建造于明代，后期经过多次修复、改建等干预。汉白玉、青白石等石材饰面主要为明、清时期所建，部分于 20 世纪 80 年代修补替换。为迎接重要节庆活动，饰面需要清洁并做简单维护。

5.4.2 基本要求

此次石材表面清洁需清除石质表面附着的风化物、沉积的污染物等外来有害物质，并使它们的原有风貌尽可能地得以恢复。清洗的目的是打开石材气孔，恢复石材微孔隙的水蒸气通道，去除有害于石材的物质，如水溶性盐、难溶性硬壳、灰尘烟垢、微生物、杂草及以前清洁处理的残留物等；为后续的维修和保护干预做准备。

根据该项目的特殊性，制定了如下基本要求：

（1）根据待清洗对象的取样成分分析，制定针对性清洗保护方案；

（2）清洗剂及清洗方法应对石质本体材料及结构无影响，清洗中不应引起新的划痕、裂隙或其他损伤表面的现象；

（3）清洗剂不应残留于石质本体内，且污染小；

（4）不能在石构表面或内部产生可溶盐，不能改变被处理石材的物理参数；

（5）清洗剂应优先选择对人员低毒、低刺激性的环保型配方；

（6）石材的清洗程度以最小化干扰石质本体，且能最大化去除表面污渍为准；

（7）清洗完成后，视觉上应与周围统一协调；

（8）优选预配的成品。

表 5-4　石材清洗后的副作用、可能原因及补救措施

清洗后的病害表现（数周内）	病害的可能原因	潜在的长期副作用	补救措施
腐蚀、石材表面细节损伤或者锐化	研磨清洗时配合水压过大；蒸气清洗时间过长	增加湿气渗透、生物生长，加速石材腐蚀	无；重新替换或者重新构成石材表面细节（不推荐）
点状凹陷	研磨或者化学清洗时，石材较弱的点被腐蚀或者溶解	损害审美，严重会引起腐蚀	无；重新替换或者重新构成石材表面细节（不推荐）
沉积壳状物或表面颗粒沉积	研磨清洗后，未清洗干净的研磨料	审美效果的破坏；加速沉淀物的聚集	表面应彻底清洗，蘸水刷除污染
盐霜	化学清洗的残留或者水导致深层水溶盐的转移	面层或下部结晶引起石材腐蚀的加剧	干刷清扫或吸尘器去除后再用敷贴法吸附以降低盐分
橙色或黄色锈蚀（黄变）	化学清洗后，铁或者其他矿物质的转移或者再沉积	影响审美	化学试剂去除锈蚀较为适当，但不适用于高孔隙石材
去色过度或者漂白（发白）	化学清洗后，有色矿物质的溶解	影响审美	无；无法再建自然古锈，人为着色无法重现自然石材表面
不同的部位呈现不同的颜色（发花）	在不同时间，用不同清洗技术或不同强度	影响审美	无；一旦差异产生，很难变回统一的颜色
过度的微生物生长	研磨或化学方法引起表面粗糙，从而产生湿气滞留或化学残余物，为生物体提供养分	影响审美，且有些生物体会引起石材腐蚀。藻类会增加表面积灰	通过水洗和刷子去除，在某些条件下，也可再采用生物抑制剂

注：根据 Maureen E Young 资料整理、补充。

明确实施过程的注意事项如下：

（1）严格按照设计方案的要求进行现场试验和施工；

（2）明确保护工程的技术方法和施工工艺，确保文物和人员安全；

（3）应针对不同石材特性及病害特点，制定出有针对性的清洗措施，也可采用多种清洗方法相结合进行清洗；

（4）现场必须进行清洗试验及效果评估，有效后方可进行扩大施工；

（5）现场应具备必要的试验设备和检测仪器，如量杯、量桶、天平、里氏硬度计、色度计等；

（6）选择合适清洗范围，避免过度干预；

（7）对易燃易爆等危险性清洗材料进行严格管理，应设专人保管，规范储藏和使用。

5.4.3 清洗方法比选、现场实验及效果评估

1. 清洗方法比选及实验

实施前，分析对比北京地区可以实施的各种清洁方法（参见表5-3），对比优缺点。比如，水清洗尽管成本低廉，但是容易导致污染物迁移，导致进一步泛碱等副作用；相对来说，蒸气法风险较小。激光清洗几乎无损，但速度慢，易引起褪色反应，操作成本高。化学清洗法造成汉白玉进一步损害的风险很高。从损害的风险程度、预算合理性、清洁效果等多方面对多种清洗技术进行评估后，选择蒸气法、无水凝胶法及敷贴法进行清洗实验（图5-5, 图5-6）。

图 5-5　采用凝胶（易丝膜）吸附除污
图片来源：张涛

图 5-6 蒸气清洗顽固污渍
图片来源：张涛

2. 清洗效果评价

实验清洗后，首先利用照片及现场观察，比较前后效果（图5-7）。此外，采用数码显微镜（便携式数码显微镜3R-MSA600），拍摄清洗面，细致观察粗糙度、孔隙率、材质的缺失，并察看是否有残余污染颗粒或清洁材料残余等（图5-8）。最后，采用色度计测量汉白玉清洗前后的 L、a、b 值，进行对比（表5-5）。

图5-7 照片中栏板左侧为未清洗部分，栏板右侧为清洗后部分
图片来源：张涛

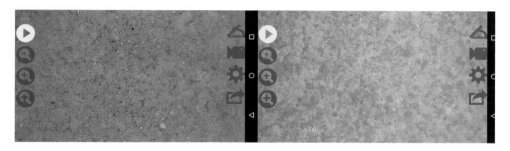

图5-8 汉白玉在60倍显微镜下清洗前、后效果
图片来源：张涛

表5-5 色度计测定清洗前后色值

阶段	L^*	a^*	b^*	结果
汉白玉清洗前	79.7	0.0	5.2	
	79.9	0.1	5.0	清洗后，亮度增加1~3，黄色略有降低
	78.9	0.3	5.2	
汉白玉清洗后	80.0	0.0	5.2	
	83.1	1.0	2.9	
	82.5	1.6	3.8	

* 注： L 表示颜色的亮度，数值范围为0~100，a 表示色彩中的绿色和红色部分，其中负值表示绿色，正值表示红色。b 表示色彩中的蓝色和黄色部分，其中负值表示蓝色，正值表示黄色。a 轴和 b 轴的刻度范围分别为—150~+100 和—100~+150。

5.4.4　汉白玉等石构件清洁方案

经过现场实验评估、专家论证等基础上，确定汉白玉、青白石等石质构件的清洁方案如下：

1）汉白玉栏板

存在的污染物包括：浮尘、尘垢（存在于凹槽）、鸟屎、腻子残留、少量油漆、胶残留、水锈。适用的清洗方法如下：

（1）毛刷清理浮尘；

（2）蒸气清洗，清除鸟屎和大部分尘垢，但不能清除油漆、胶、水锈、腻子；

（3）除锈剂清除水锈；可清除表层水锈，但深层水锈（石材内部）无法去除；

（4）除胶剂配合手术刀等物理方法清除后期黏贴的残留胶；

（5）局部凝胶（易撕膜）清洁；

（6）局部进行蒸汽二次清洗；

2）城楼须弥座（汉白玉栏板底部，青白石）

存在的污染物包括：浮尘、尘垢（存在于凹槽）、少量油漆、胶残留、水锈。适用的清洗方法如下：

（1）蒸气清洗，清除鸟屎和大部分尘垢，但不能清除油漆、胶、水锈、腻子；

（2）除锈剂清除水锈，可清除表层水锈，但深层水锈（石材内部）无法去除；

（3）除胶剂配合手术刀等物理方法去除后期黏贴的残留胶；

（4）敷贴法降低水溶盐，采用预制排盐纸浆，清除面层盐分，也可部分吸附降低内部盐分；

（5）局部进行蒸汽二次清洗。

3）城台须弥座（青白石）

存在的污染物包括：浮尘、尘垢（存在于凹槽）、水泥浆残留、红漆、胶残留、水锈等。

（1）蒸汽清洗，配合超声波电动牙刷，清除大部分尘垢，软化水泥浆；

（2）除锈剂去除水锈，可去除表层水锈，但深层水锈（石材内部）无法去除；

（3）除胶剂配合手术刀等物理方法去除后期粘贴的残留胶；

（4）敷贴法降低水溶盐含量，采用预制的排盐纸浆，清除面层盐分；

（5）城台须弥座残留黑色水垢予以保留。

5.4.5 汉白玉的预防性保护问题

大量研究表明，石材表面浮尘中的有害物质会与汉白玉发生复杂的化学—物理反应，从而破坏汉白玉。清除浮尘后，应采取一定的预防性保护措施。这项工作需要未来深入研究。例如，已经开始研究的 TiO_2 防尘材料、微米 - 纳米 $Ca(OH)_2$ 等，如具备牺牲性并与汉白玉等在物理化学性能方面兼容，则有一定的应用可能。

第 6 章　清水砖墙的清洁与案例分析

6.1　清水砖墙材料工艺及污蚀特点

6.1.1　清水砖墙材料特点

　　清水砖墙主要是指砖砌墙体的外表面保留原浆或加浆勾缝，而不做任何抹灰粉刷或贴面装饰的砖墙。在中国的传统民居中，青砖清水砖墙建造工艺在明代达到顶盛期，代表性建筑有明代砖质长城、故宫等。伴随制砖技术的发展，以机制红砖为材料的清水砖墙在近现代历史建筑中开始出现。红砖除作为墙面的主要材质，还常见于墙基、窗楣、门窗洞口装饰线脚、烟囱体、转角装饰等部位。

　　清水砖墙的砌筑灰浆有灰泥（有时为纯泥）、石灰砂浆、混合砂浆等。勾缝材料类型有纯石灰浆、石灰砂浆、混合砂浆、水泥砂浆等。颜色有白、红、黄、黑等；形制上则有凸、凹、平、斜等。以灰泥垒砌、石灰勾缝的墙体对水极其敏感。

　　与天然石材相比，清水砖墙材料具有吸水率高、毛细孔隙发育等特点。如我国西南地区广泛使用的红砂岩砖饱和吸水率为 10%~12%，而传统青砖的饱和吸水率达到 27%~32%。机制红砖的饱和吸水率也可以达到 20%~30%。这是砖容易出现被生物附着的原因之一。

6.1.2　清水砖墙的污蚀特点

　　与天然石材相比，清水砖墙的污蚀具有如下特点：

　　（1）覆盖：特别是涂料覆盖。大量的近现代历史建筑清水砖墙面，因多种原因被涂料覆盖（图 6-1）。

图 6-1 被涂刷涂料的清水砖墙（右为清洗后墙面，20 世纪 50 年代重要历史建筑）
图片来源：戴仕炳

（2）变色水斑：因各种原因导致砖的颜色变化，有些变化会影响砖的耐久性。

（3）泛碱：类似天然石材，泛碱也是清水砖墙最常见的病害，发生频率越来越高。因砖具有高吸水率，当砖与其他不同材料相邻时，容易吸收其他饰面材料的风化产物，从而产生盐污染（图 6-2）。

（4）植物、微生物等附生。

6.2 清水砖墙清洗技术要求

6.2.1 清水砖墙的价值

砖与天然石材相比造价较低，过去人们仅从造价上认识其价值，采用简单粗糙的方法修缮，如用现代机制砖掏换历史旧砖。但是，在对比传统黏土砖（特别是手工制作的手工砖）和早期机制砖的历史意义、生态指标以及工艺价值后，人们越来越多的认识到传统黏土砖所承载的文化价值。与欧洲不同，我国历史建筑大量的立面材料为黏土砖，具有独特的基于材料特征的地域性，修复时，应重点关注。此外，

图 6-2　汉白玉的化学风化产物被高吸水率的青砖吸收后产生的泛碱
图片来源：戴仕炳

特殊的砖、缝组合构造方式，使得清水砖墙比石材或者粉刷等更为敏感。砖墙之美，很大一部分在于砖砌体老化后千差万别的颜色微差，能带来与时间维度相关的愉悦感。不当的清洗会破坏这份愉悦。

6.2.2 技术要求

砖砌体及勾缝材料相较于其他材料，其强度相对更低、孔隙率较高，吸水率高，这导致了对磨损及水更加敏感。而以石灰基为主的勾缝又是清水砖墙面中强度最低，吸水率最高的薄弱的部分，清洗技术及清洗后的处理对这类勾缝尤为重要。如果清洗技术使用不当，对清水砖墙这种多孔性材料来说，更易受到损害。因此，在做砖砌体的清洁之前，需要做非常慎重的调研分析和检测工作，包括砖砌块的强度、吸水率以及勾缝的材料组成、黏结剂类型及含量等。另外，同样鉴于少干预的目标，需要评估清水砖墙表面哪些属于需要清除的病害，哪些属于要保护的劣化，以除病延缓劣化为目标，而不再追求出新。

对于清水砖墙来说，清洁过程和结果除了关注墙面材料技术参数外，还需考虑审美。清洗过程需要保留清水墙的材料色差、不同勾缝形制带来的阴影变化，因此，**打磨、喷砂等可能破坏勾缝形制和砖墙古锈的方法是严格禁止的**。另外，如果清洁后，将以前的修复痕迹更加明显地暴露出来，会给人带来不和谐的感受时，则需要在清洁后的维护或修复中予以解决。

清水砖墙的清洁流程设计可参照第 4 章的相关内容。需要再次强调的是，在实施之前，必须要回答如下问题：清洁选用的清洗技术是否有效而又可行？是否健康安全？对建筑本身及环境的影响是否最小？

清水砖墙采用不当清洗措施后也会出现如石材一样的副作用（表 5-4），有时是没有补救措施的。所以，在选择清洗措施时一定要慎重。

6.3 清水砖墙清洁案例分析

6.3.1 西安大雁塔砖墙清洁

西安大雁塔为中国最著名的塔类建筑之一，其现有主要青砖墙面建于明代，后期经过多次修补（挖补掏换）。在国家文物局优青项目"古建水溶病害综合治理"的进行过程中，选择东南角第一层塔立面约四平方米范围进行清洁实验（图 6-3）。

经现场勘察、测绘、水溶盐定量分析后，清水墙塔基的实验面范围的主要病害

图 6-3　大雁塔塔基典型的水渍及泛碱
图片来源：戴仕炳

为水渍及泛碱，材料劣化为起皮、粉化等。为尽可能多地保留历史信息，包括砖的劣化痕迹，采用无水敷贴法清洁表面。

清洁过程如下：

（1）选取代表性砖，取样测定水溶盐含量；

（2）毛刷去除灰尘等；

（3）喷去离子水，湿润砖表面，批涂预制排盐纸浆一道，厚度约 10mm。排盐纸浆具保水性高、低收缩等性能；

（4）约 7 天后去除固化的排盐纸浆，取样（固化的纸浆及基层砖粉末），分析水溶盐含量；

（5）再喷去离子水，湿润砖表面，再批涂预制排盐纸浆一道，厚度约 10mm；

（6）约 7 天后去除固化的排盐纸浆，取样（固化的纸浆及基层砖粉末），分析水溶盐含量（图 6-4）。

对所取砖粉样品采用离子色谱法分析水溶盐含量，发现经过两次敷贴后，水溶盐含量得到有效降低（图 6-5）。基层的水渍颜色也有较好的缓解，且劣化的砖表面没有被破坏，保留了砖面古锈（图 6-6）。

6.3.2　哈尔滨圣·索菲亚教堂

圣·索菲亚教堂是远东地区最大的东正教堂，且是哈尔滨近代欧式建筑的典型代表，具有很高的历史价值、建筑艺术价值和科学价值（图 6-7）。

教堂外墙红色清水砖长期受日晒、雨淋、冻融破坏等影响，产生风化、酥松、剥落、残损、生物附着等病害。为了保护教堂外墙砖，中国文化遗产保护研究院对砖本体及病害样品进行分析检测，了解病害原因，针对性地设计教堂外墙砖清洗及修复方法（孙延忠等，个人交流）。

图 6-4 敷贴法实验过程
图片来源：胡战勇

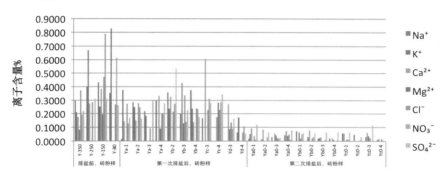

图 6-5 大雁塔实验面砖表层水溶盐含量前后对比
图片来源：胡战勇根据分析结果整理

图 6-6 大雁塔清洁及修复后（左）的实验面
图片来源：戴仕炳

图 6-7　保护修复中的索菲亚教堂，2018 年 12 月
图片来源：胡战勇

整个外墙砖的保护修复主要包括以下内容：

（1）表面涂料、油漆等有害污染物的清除；

（2）表面苔藓等生物病害的防治；

（3）表面盐析的脱除（脱盐）；

（4）表面缺失区域修补加固；

（5）防风化保护加固。

其中，前三项主要为外墙清洁。砖外墙的清洁目的主要是清除会影响墙体耐久性的病害及污染物，重新打开砖表面的微孔，恢复墙体的呼吸。选择清洗方案时，主要考虑清洗完成后，不在砖表面留下有害物质，不造成太大色差，保持风貌协调。教堂外墙长期受大气污染，局部已近黑色（图 6-8），实行整体清洗时需把握好清洗程度，使得清洗前后反差不能太大，总体色调不宜过新，清洗到与周边劣化少的砖体颜色协调即可。测定清洗前后色差可以控制和协调砖面颜色的差异。清洗过程要整体分步进行，且每一个步骤是可控、渐进和有选择性的。不需要一次性清洗干净，要通过多次清洗和色差检测技术来控制清洁可能带来的色差。正式清洗实施前，需要对小面积的破损面进行清洗实验，以更加精准地选择清洗方案。清洗外墙体污染物区域时，对无污染物区域用塑料布和纱布进行遮挡，清洗时纱布定时进行更换，避免清洗下的黑色污染物及生物体绿色汁液造成二次污染。

根据现场砖面调研结果，需要清除以下六种污蚀：灰尘和土垢、涂料和油漆、水泥、积土、生物病害及盐分（孙延忠，个人交流）。

采用的技术措施如下：

图 6-8 砖表面典型病害
图片来源：胡战勇

（1）无压力去离子水（雾化后，配合毛刷）清洗砖面上的灰尘、土垢。机械方法清理积土，并结合去离子水清洗；

（2）采用中性脱漆剂去除涂料和油漆。用喷雾器雾化水润湿表面，使表层污染物和砖基材表层完全润湿，以避免清洗材料渗到砖体内；用软毛刷将清洗材料均匀涂刷在砖表面，滞留至少 10~20 分钟的反应时间；再用去离子水冲洗处理过的砖表面，边清洗边用吸水吸尘器除去多余的水分及脏水，防止水分滞留渗入砖内。反复进行一至两次，能较好清除砖表面涂料和油漆；

（3）采用物理方法配合小机械工具，手工去除水泥；

（4）降盐处理。采用预制浆状脱盐材料，主要成分为高纤维纸浆。特点是内表面积高，具有多孔性和高纯度。pH 值为 7.5±0.5，密度 1.1 kg/L，不可燃；

（5）微生物杀灭和预防。采用第二章描述的生物杀灭剂进行杀灭（图 6-9，图 6-10）。

图 6-9 敷贴法清洁实验
图片来源：胡战勇

图 6-10　完成清洁后的立面局部
图片来源：胡战勇

6.3.3　浙江大学之江校区钟楼

浙江大学之江校区位于浙江省杭州市杭富路六和塔西侧，被列入全国重点文物保护单位的建筑于宣统三年（1911）初步建成并投入使用。钟楼作为校园中的标志性建筑之一，对构成校园整体风貌、反映当时建筑思想、传承建造技术具有重要意义。2014 年，对钟楼进行修缮前，勘测到外墙面的涂料、泛碱、生物（树木、爬藤类及苔藓等）等病害（图 6-11），随后开展外立面保护修缮专项设计。如何清洁墙面是修缮设计的重要内容。

在实验室分析、现场实验基础上确定了如下清洁措施：

（1）人工拔除树木、常青藤等爬藤植物，空洞部位采用石灰注浆，不得采用任何有毒的杀菌剂、除草剂等。

（2）去除涂料。采用水可以溶解的膏状水性脱漆剂脱除掉旧涂料。脱漆膏材料要求同第 4 章用于清除上海市广东路 102 号真石漆的材料，保留砖表面的色差、纹饰、国民党党徽等。

（3）降盐及面层清洁措施。采用无收缩排盐纸浆敷贴，湿厚度 10~15mm，降低面层及浅表层水溶盐，同时清洁表面，且可保留自然色彩。

（4）清洗后修复痕迹的处理。采用配制的不成膜的平色剂（staining）协调色彩（图 6-12）。

在完成清洁后，清水砖及勾缝均采用修补为主的修复，以保护历史痕迹，满足"少干预"原则。最后喷淋溶剂型憎水剂降低砖的雨水吸收性能，保障外围护墙体的"无渗漏"要求。

之江校区钟楼于 2017 年初在完成清洁后开始维修，于 2017 年 10 月全部完工。由于墙面极度潮湿，经过一次敷贴排盐不足以将水溶盐含量降低到不泛碱的程度。

图 6- 11　之江校区钟楼外墙典型病害
图片来源：戴仕炳

图 6-12　清洁后的墙面（左）及硬化的排盐纸浆背面（右）
图片来源：戴仕炳

第 7 章 传统粉刷饰面清洁及案例分析

7.1 传统粉刷分类及污蚀特点

　　粉刷饰面采用的材料主要由骨料及黏合剂组成，其中黏合剂主要包含无机黏合剂与有机树脂。而传统粉刷则是指，以无机黏合剂与骨料构成基本材料，由匠人手工完成的粉刷饰面。1980 年之前，大部分中国建筑粉刷饰面采用传统粉刷材料及工艺，黏合剂以无机黏合剂为主。有机合成树脂作为黏合剂的粉刷主要兴起于近三十年，目前不具有历史价值，不在本章讨论范围内。

　　早期传统历史建筑外立面仅刷石灰浆或者以石灰混合生土、麻筋、颜料、骨料等材料罩面。灰塑是采用石灰为原材料手工完成纹饰、花草、虫鸟、走兽等各种造型的特殊饰面装饰。

　　随着水泥业的发展，人们开始局部或者全部使用防水性能和强度优于石灰的水泥作为饰面粉刷黏合剂，当水泥凭借经济性、高强度成为建筑饰面的主要黏合剂后，外饰面的施工方法也渐渐由手工完成变为工业化的机械喷涂等。

　　由于石灰材料本身很脆弱，而且与基层的结合一般较差，只容许采用手工等简单机械方法清除污蚀（见 7.3.2），本章侧重阐述水泥基饰面的清洁技术。

　　历史建筑水泥基粉刷饰面通常包括三类，一般光面或刮糙粉刷 (smooth render)、装饰粉刷（textured render）和露骨料粉刷。后两种粉刷因为能够体现工匠精湛的手艺而具有很大的保护价值。以拉毛饰面为例，毛头大小，施工时的工具走向以及接头处的力度大小都会改变表面观感，无不体现工匠的手艺，彰显粉刷饰面有过的手工温度。露骨料粉刷，因其成功地模仿石材质感，且有良好的装饰性而广泛应用于近现代历史建筑外立面（图 7-1）。

　　粉刷表面污蚀特点与天然石材、清水砖墙类似，但是也具有自己的特色。

　　第一是污染：特别是露骨粉刷。大气污染物导致的污蚀不仅与粉刷类型有关，也与光洁度、纹理、色彩、装饰部位及朝向等有关。

　　第二是开裂：因为水刷石、卵石等饰面维护原貌耗时耗工，开裂导致的渗漏等不仅影响使用，更会滋生植物等附生，历史上简单的处理是采用涂料直接覆盖（图 7-2）。

 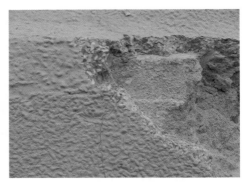

图 7-1　20 世纪 20 年代采用石灰（柱头灰塑）、水泥（柱身水刷石）结合的饰面
图片来源：戴仕炳

图 7-2　被涂料覆盖的被修复过的水刷石墙面
图片来源：戴仕炳

7.2　粉刷饰面清洁技术要求

7.2.1　粉刷饰面清洁的一般要求

对天然石材及清水砖墙清洁材料及技术的要求适用于装饰粉刷。

特别注意的是，在以石灰基为主的粉刷墙面中，清洁工作主要涉及表面生物的清洗及老化松动的石灰抹灰的固定或清理。石灰砂浆的强度比砖石更低，孔隙率较高，所以用喷砂或者高压水清洗容易带来毁灭性的损害。同时，石灰极易溶于盐酸或者氢氟酸，容易吸收化学清洁剂，也不适宜于化学清洗。因此，这一类的饰面清洁适宜采取温和的清洗方式。具有重要价值的灰塑以牙刷及竹片为工具，用手工方式慢慢清洁为最佳。对有机污染物不推荐直接手刷的方式，以免破坏较软的石灰底层。对石灰水外墙饰面，清理生物苔藓、开裂起皮部位然后重新刷石灰水更符合最小干预及生态的保护理念。

水泥基的饰面如水刷石、斩假石、拉压毛等数量众多，其黏结剂基本是由水泥、少量石灰和其他添加剂组成。水泥基饰面因高强及防渗性好，可采用水洗方法，前提是水压不能过高。弱酸可以增加清洗效果，但是要避免发生严重的副作用。对于有机物生长聚集的表面污染，预先采用杀菌剂配合低压水清洗是比较有效的方式。

7.2.2　粉刷饰面清洁现代技术

随着对传统材料、工艺价值的认知深化，过去被认为不具有重要历史价值的粉刷饰面清洁保护越来越得到重视。

为了取得更为有效、更有针对性的清洁方式，人们对粉刷的清洁展开更加深入的研究。石材章节分析的敷贴法是较为推荐的清洗技术，对于粉刷饰面同样如此。然而，因常用的敷贴法排盐如果不进行多次操作的话，往往只能将基层表面的盐分排除。意大利热亚那大学的朱莉娅·托里利（Giulia Torrielli）为避免仅排除表面盐分，对砂浆基层的排盐新方法进行研究。该方法利用基层表面的内外压力差，产生真空吸收的效果，将盐分从孔隙抽到基层表面以外。这个吸盐装置与负压水头之间通过液体流通，因此在负压水头和孔隙间产生不同的压力。电子扫描显微镜结果显示，砂浆表面的盐得到有效的去除。最快去除盐分的速度达到 0.5m³/min。

粉刷面层经常有人为随意涂鸦的现象，这些涂鸦极少有保护价值。因混合有石灰的粉刷面层孔隙率高，要清除其表面涂鸦，造价较高。安娜·莫拉（Ana Mouraa）的研究比较了不同的去涂鸦试剂，发现了预防性的适用于装饰粉刷的防涂鸦材料。

7.3 粉刷清洁案例分析

7.3.1 卵石饰面的清洁：上海市武康路 100 弄

上海市徐汇区武康路上曾有过多位名人居住于这里，被称为"名人街"，成为代表上海风貌的重要名片。因此，武康路上的历史建筑具有丰富的历史价值、艺术价值等，其沿街风貌是建筑保护修复中需要重点考虑的因素，沿街立面的修缮时需以保护为主。武康路 100 弄为花园洋房建筑群，共包括四个单体建筑，其中每两栋毗连，建于 1918 年，是文献记载中武康路上建造时间较早的西式建筑，见证了百年武康路的起点。

进行立面修缮与清洁前，进行了现场的调研检测以及文献资料整理分析。修复设计方从法国里昂大学提供的照片中，获知两栋建筑初建成之后的样貌。现场勘察外立面黄色涂料下为鹅卵石墙面，窗套以清水砖墙装饰，勒脚以水刷石装点，敞廊及其装饰线条则为木质材料。时过百年，卵石墙面部分出现严重脱落的现象，清水红砖也因受潮风化出现破损，再加上住户随意增加的塑料雨篷等使这两栋具有英式乡村风格的建筑从美观和墙面功能上都差强人意。以往的维护手段更是破坏了建筑审美，违背了真实性的修复原则。如建筑的南、东西立面全部被黄色涂料所覆盖，北立面大部分也被粉刷覆盖（图 7-3）。尽管被外墙涂料覆盖可以暂时解决渗水问题，但风吹雨打后，涂料会开裂，水分通过表面细小裂缝渗到卵石面层和结合层。在冬

图 7-3　修复前南立面（卵石粉刷被黄色涂料覆盖）
图片来源：朱晓敏

季，水分结冰，体积膨胀。待水分干透后，则形成空鼓，最终导致卵石墙面大面积剥落。2016 年的修复设计方案中，本着真实性的原则，决定恢复原来的卵石墙面。具体恢复方案有以下两种选项：一种是通过清洗技术清除掉后期涂刷上去的黄色涂料；另一种是将损坏的卵石墙面连同表面的黄色涂料一并清除，重新以原有的传统工艺施工新的卵石墙面。保留为主还是重新施工？从最小干预的角度来看，将外墙漆直接清除，对空鼓、裂缝等进行加固修补，无疑是最合理的技术方案。然而，对于损害严重的卵石墙面，确定每一个病害的位置和类型，并配之以精细化的修补加固和补强的施工操作，在时间和造价上来说都不是最可行的。因此，最后决定保留东立面，其他立面进行重新施工。因东立面面向武康路，构成沿街风貌，具有优先保留下来的价值。所以，对东立面墙体进行现场病害检测，确定病害类型，后对东立面进行清洁，最后对空鼓部位注入灰浆加固，对外墙裂缝采用灰浆进行修补。修缮团队把南北墙面上的卵石全部收集起来与新骨料混合在一起，再以传统工艺重新施工。而东立面，因清洁不能百分之百清除掉表面涂料，尚存有一些残存的涂料。加之，质感也与南北新施工的饰面存有细微差别，人们近看可以识别出哪一部分是替换的新修，哪一部分是保留的原有。远看风貌和谐，近看可识别，符合修缮原则的可识别性。

如同第4章介绍的清洁流程，第一步通过现场检测、采集信息并绘制立面病害图，见图7-4。从东立面病害图可看出，主要病害有两种，一种是自然风化或者潮湿导致，另一种是人为修补所致。自然病害主要为：空鼓、发霉、裂缝、卵石脱落、窗框装饰部位砖面脱落。后一种人为修补造成的病害包含以下几种：卵石脱落后，直接用水泥抹平，刷上黄色或白色涂料；稍微注重与卵石墙面协调性的，会用水刷石或者拉毛工艺修补，以避免表面过于平滑，与卵石墙面质感相差太远（图7-4）。

由于涂料已在外墙形成强度较高、覆盖历史风貌的胶膜层，需先去除这层胶膜才能彻底清洁并完成修复工作。正式清洗前对卵石墙面的两块样品进行了实验室分析（图7-5、图7-6）。根据实验室分析结果可知，卵石的基层有两种类型，一类为混合型砂浆，即含有水泥的石灰砂浆，掺有少量纸筋灰和稻草，原始灰砂比约为1:1，骨料为粒径集中在0.25~1.0mm的细砂，原始水硬性组分含量在10%左右。另一类为石灰砂浆，原始灰砂比为3:2，纸筋灰含量较高，含少量细砂。

面层卵石与底层砂浆结合力均比较高，适合用高压水冲洗。开裂主要存在于底层砂浆与砖砌体结合处，易受水影响。所以，墙面适合用水冲洗，但要控制水量。

在比选了各种可选材料后，决定用环保脱漆膏对外墙面涂料进行清洗。环保脱漆膏的清洗方式具有有效作用时间可控、环境友好等特点，不会对施工工人及居民造成影响。在实验室进行去除涂料实验后发现，表面黄色涂料容易去除，而下部有多层旧油漆残余。由于卵石经膏状脱漆剂清洗后已显露出来，残余的旧油漆可作为历史遗存予以保留。

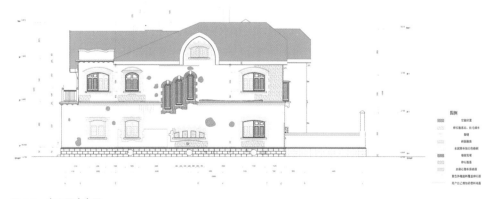

图7-4 东立面病害图
图片来源：朱晓敏

图 7-5　卵石饰面去除涂料实验研究（左去除涂料前，右去除涂料后）
图片来源：周月娥

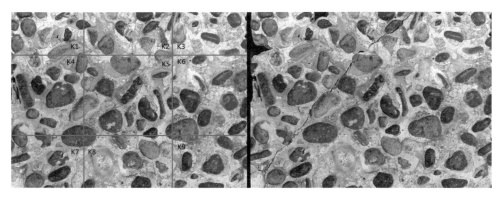

图 7-6　去除涂料后对卵石原始配比进行分析
图片来源：朱晓敏，周月娥

　　最后确定的清洁施工工艺如下：首先在原漆面均匀涂沫脱漆膏，后覆盖保鲜膜一层，停留 4—24 小时，根据气候或者湿度对停留时间进行调整。待软化后，用低压清水清洗脱漆膏及原漆面层。难以去除的部位，可考虑再涂一层脱漆膏。附着的局部旧油漆残余予以保留。不采用打磨或钢刷等方法去除。清洗后留下的废水用石灰处理（图 7-7）。

　　清洁后的东立面外景如图 7-8 左所示。原局部水泥修补过的部位仍然原状保留，除必要的空鼓、裂缝等做加固修补外，不影响耐久性、不同于原状的修补措施未做特殊处理。清除掉黄色涂料后，东立面尽可能的保留了墙面的历史信息。

　　基于上述清洗技术及少干预等保护修复措施，上海市武康路 100 弄文物建筑修缮项目获 2018 年我国优秀古迹遗址保护奖。

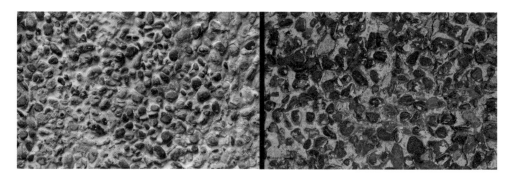

图 7-7　局部清除后的墙面细节
图片来源：朱晓敏

图 7-8　清洁后的东立面（左）及修复后的南立面（右）
图片来源：朱晓敏

7.3.2　灰塑的清洁：贵州三门塘刘氏宗祠

　　三门塘刘氏宗祠位于中国贵州省天柱县，是清水江流域保存较为完整，独具特色和艺术价值的一座宗祠。刘氏宗祠始建于清朝，在民国期间对立面进行了进一步的装饰，特别是大量使用了灰塑。刘氏宗祠的修缮工程是世界银行贷款贵州文化与自然遗产保护和发展项目中实施的保护与修复项目之一。修缮始于 2014 年，修缮工程范围包括：刘氏宗祠外立面灰塑、墙体、地面、木构件及屋面保护修缮，其中灰塑的清洁是修缮的重要内容之一。

　　在 2014 年修缮之前，建筑的严重损坏已危及极有价值的立面和其灰塑。修复前对病害进行了仔细勘察。现场取样类型包括：砌筑用砖、砌筑灰浆、勾缝灰浆、墙体抹灰、外立面水溶盐样品，并以无损、微损方式对表面特征、病害分布等进行了系统调研检测，从而有依据对立面进行审慎的干预。调研结果显示，70% 的立面都出现了空鼓。如果采用高压水等直接清洗表面，则可能造成大面积空鼓外皮的脱落并破坏现存灰塑的历史价值。除空鼓外主要病害类型有以下六种：

（1）抹灰脱落；

（2）裂隙，包括：贯穿整个墙体的纵深裂隙和浅表性和微细裂隙；

（3）灰塑造型缺失；

（4）酥碱、砖风化；

（5）褪色；

（6）植物生长。

针对以上病害产生的机理，确定了不同病害的清除方式（表7-2）。基本原则是最大限度地保留历史材料和构件，最低扰动地清除现有病害。

值得一提的是，在对墙面进行注浆加固时，若不小心有浆料渗出，应立即停止注浆，封住渗出口，并用清水洗净渗出注浆料，然后再继续注浆。因此，清洁措施不仅只是在修缮前进行，有时还会伴随着修复的进行，边修缮边清洁。对墙面的清洁和清理贯穿刘氏宗祠的整个修缮过程。

如前所述，清洗技术以"有效、无损、生态、少干预"为目标，而清洁追求的是健康而非干净，这两个主要原则在刘氏宗祠的清洁中得到充分的体现。首先，毛刷和铲刀的手工清洁给了建筑饰面最为严谨的人为控制，可以游刃有余地避开极为脆弱的部位，对污垢进行精准的操作，十分有效。另外，这样的手工清洁，还可以有效的保留古锈，达到少干预的要求。无水乙醇对泛白结晶的清洁、微米石灰对鲜活苔藓的杀灭均体现了现代清洁技术的有效和无损（图7-10）。

刘氏宗祠的修缮因其严苛的科学方法、严谨的态度而为业界所称赞，获得了2016年的联合国科教文组织亚太遗产保护奖（图7-11）。

图7-9　贵州地区灰塑典型病害（左：三门塘刘氏宗祠；右：贵阳市戴公馆）
图片来源：胡战勇、戴仕炳

表 7-2　贵州三门塘刘氏宗祠不同病害的清洗技术

病害类型	清洁措施
水泥及错误修补	确定修补区域，用手工去除错误修补，以人工精准控制来避让对灰塑的损害
树	小心锯除，避免扰动周围砌体及抹灰，开水浇烫树心；空洞注浆石灰
苔藓	确定苔藓区域；除了对鲜活苔藓进行灭杀，原则上对残留苔藓不进行去除；表面反差严重部位，表面涂刷微米石灰
泛白、结晶	无水乙醇进行清洗
松动抹灰及花式	增强、接取、编号、除尘。完整、有价值部分妥善保管，修复过程中原位回贴
砖松散（粉化）	确定粉化区域，对砖表面进行敷贴法排盐清洁、后固化修补
铁件	探测并标识具体部位；小心去除后期附加构件，对不能去除铁件使用石灰抹灰覆盖

图 7-10　铲刀清洁（左）与牙刷清洁（右）
图片来源：胡战勇

图 7-11　东南立面清洁修复后近景
图片来源：Gesa Schwantes

第 8 章　木材的表面清洁及保养

8.1　木材的污蚀及机理

　　木材是一种由纤维素、半纤维素、木质素组成的天然有机多孔材料，具有其他建筑材料所不具备的良好特性，如保温隔热性、抗震性、灵活性、舒适性，从而成为我国历史建筑使用最广泛的材料之一。木材的细胞壁结构使其具有吸湿与解吸特性，易与环境进行水分交换，从而使木材发生干缩湿胀、翘曲变形。木材的三大素（木质素、纤维素、半纤维素）及蛋白质、淀粉等元素为微生物及木害虫提供营养，一定的温湿度条件下，木材会出现腐朽、虫蛀现象。其中木质素在紫外线的照射下容易分解，影响木材强度。所以，木材作为建筑材料时，需要在防腐、防虫、防火等方面进行保护。常见的木材保养与维护方法多使用化学方法，如油漆对木材表面的保护，防腐剂、防虫剂及阻燃剂对木材的处理等。但是防腐剂、防虫剂、阻燃剂中的有效成分，在一定条件下会以盐的形式在木材中溶解，并伴随着水分的蒸发，最终在木材表面结晶析出。另外，木材表面的油漆、涂料在使用过程中，会因为木材内部潮气的影响，发生附着力下降或是老化而出现裂纹等现象。木材也会同砖石等材料一样，在使用过程中被灰尘、烟雾、工业排放物等污染。这些污染物同木材表面盐结晶以及油漆、涂料的开裂、脱落都会对木构建筑的使用及美观造成影响，因此，需要根据木材的具体污蚀及病害特点对其进行清洁及预防性保养（图 8-1）。

8.2　木材清洁的原则及国际技术

　　木材是一种天然有机高分子材料，在对其进行清洁时，所采用的清洁技术不可改变其形状和性质，应对材料的状态产生最小的影响。清洁木材使用防腐剂、防虫剂和阻燃剂时，优先选择非侵入性的方法，并最大限度地减少以上化学试剂的残留。清洁木材表面的漆膜类材料时，要根据漆膜的劣化程度，选择性地进行部分或全部漆膜的清洁工作。对于不同的木质基材以及漆膜厚度应考虑采用不同的清洁原则与技术（表 8-1）。软木质基材表面硬化的漆膜要采用非常谨慎的处理方法，以防对下面的基材产生破坏。而要清除中等厚度的漆膜时，大多数情况需要清除铅基涂料，并要注意减少其残留。木材表面漆膜的清洁是一项非常复杂和细致的工作，需要一

图 8-1 被灰尘等污染的木梁柱（建于明代），是否存在防腐剂或杀虫剂尚缺乏资料
图片来源：戴仕炳

表 8-1 国际上木材清洁技术

技术名称	清洁对象	清洁范围
机械清洁	防腐剂、防虫剂、阻燃剂、油漆、涂料、油污、灰尘等	木材表面或表层
热处理	防腐剂、防虫剂、阻燃剂、油漆、涂料	木材内部及木材表面
溶剂处理	防腐剂、防虫剂、阻燃剂	木材内部及木材表面
微生物	防腐剂、防虫剂、阻燃剂	表面
化学方法	油漆、漆膜	表面

定的仪器以及具有专业知识的人员。在保证清洁效果的同时，还应注意环保、人员健康以及安全性等问题，做好相关保护工作。

8.3 木材内化学防腐剂等的清除

8.3.1 背景

过去，人们以各种无机和有机杀菌剂为原料配制木材防腐剂等对木材进行处理，这些化学试剂有时称作"木材保护剂"（wood preservatives），又可统称为"化学试剂"。这些木材防腐剂等大多数具有高度的人体毒性并会对环境造成污染，部分甚至对木材本身造成损害。另外，研究表明，防腐剂、防虫剂、阻燃剂等化学试剂最终会以 Al^{3+}、Mg^{2+}、Zn^{2+}、K^+、Na^+、Fe^{2+}、NH_4^+ 以及 SO_4^{2-} 盐的离子形式残留在木材中。当建筑屋面漏雨或是环境湿度变化，木材中水分增加时，木材中的盐会溶解，随着木材中水分蒸发，在木材表面以硫酸盐的形式结晶析出，这一过程会破坏表层木材。

DDT 是一种重要的生物杀灭剂。从 1955 年到 1990 年，其被欧洲用于木材防虫防腐，以保护木材免受一些昆虫的侵袭。这种杀虫剂也可能会引起神经损伤和癌症，并刺激眼睛、皮肤和黏膜。此外，DDT 还影响人体免疫和内分泌系统。用含 DDT 的油性木材防腐剂（例如，在东德生产的 Hyloto x 59）浸渍的人造制品，其表面上通常出现晶体形式的 DDT 渗出物（图 8-2）。

我国木材防腐剂、防虫剂、阻燃剂等化学试剂在木材中的残余等研究目前还是空白。

8.3.2 清洁方法

尽管木材的清洁工作是以"少干预，无损"为原则，尽最大可能减少化学试剂的残留，实际工作中，处理含有化学试剂的木材主要有三种方式：

第一，更换：从历史建筑中更换、清除受污染的木材并采用特殊方法处理更换掉的受到污染的木材。

第二，清除：从保存的木材中清除木材防腐剂（杀菌剂和溶剂残留物）。

第三，封存：封闭必须保存的木结构中的化学试剂，防止其释放到环境中，清除木材化学防腐剂的方法有机械方法、热处理法、溶剂法等。

1）机械方法

多数木材构件中的杀菌剂总量的 90% 左右位于木材表面正下方的 5 毫米深度内。因此，可以通过打磨、颗粒喷射等方法去除污染的表层木材。在打磨、喷砂过程中用装有高效微粒空气（HEPA）过滤器的专用真空吸尘器将木粉、灰尘吸走。

"干冰"（固体二氧化碳）也是一种有效的方法。木材上的杀菌剂涂层或分泌物最初通过接触不同的低温干冰颗粒变脆，后借助冲击力清除变脆的木材。该办法特别适用于大型表面、浸渍层和木材裂缝及缝隙的接缝处。但是这个处理方法噪声很大，污染严重。

2）热处理方法

热处理是通过加热和加湿空气使木材内部以及木材表面挥发性化学试剂散发出来，从而将其去除的技术。与机械方法仅能清除木材表面或表面的化学试剂相比，热处理方法可以将木材内部的化学试剂清除。但是，该方法没有经过充分的尝试和测试。清洁木材化学试剂的同时，对室内污染空气中的化学试剂等粉尘的安全吸附是所有清洁程序中非常重要的一部分。

3）溶剂处理法

溶剂处理法包括：湿法的清洗（damp cleaning）、冲洗（washing）、浸析（leaching）或萃取（extraction），去污的深度会随这个顺序有所增加。

真空洗涤过程是用含有表面活性剂的水进行表面清洁。它应用于没有任何涂层的建筑物木质构件。多尘和受污染的表面通过一个特殊的清洗设备和不同的橡胶套筒包裹的吸罩进行清洁（图 8-3）。吸罩配有喷嘴，洗涤器条和吸气口。在表面上使用橡胶套可以避免水分流失，然后在真空下进行抽吸。受污染的脏水被收集在罐中作为有毒废物进行处理，物体表面的残余水分迅速蒸发。使用这种方法对木材表面 DDT 和林丹（木材防腐剂）的去污率约为 50%。还可以通过添加一种基于橙萜的特殊解毒剂来增强清洁效果。用水处理后，施于物体表面，5~10 分钟的反应时间后，表面再次用水喷雾，以形成乳液。随后将该含杀菌剂的乳液抽吸掉。使用这种方法，约 70% 的 DDT 和林丹可以从木材表面去除。但是，这种解毒剂不能用于去除 PCP（五氯酚，一种木材杀菌剂）。

液态二氧化碳（CO_2）具有出色的清洁能力，特别是对非极性化合物。去污率取决于物体的尺寸，一般适合于具有小横截面的可移动木质文物。

4）其他方法

通过从真菌中获得的酶或通过细菌的作用分解这些化合物，可以使含有 PCP 或

图 8-2 木材表面的 DDT 晶体
图片来源：Achim Unger, Decontamination and "deconsolidation" of historical wood preservatives and wood consolidants in cultural heritage

图 8-3 使用真空洗涤程序清洗屋顶
图片来源：Achim Unger, Decontamination and "deconsolidation" of historical wood preservatives and wood consolidants in cultural heritage

焦油的旧木材清除污染。例如，某些白腐真菌的酶可以显著降低受污染木材表面的 DDT 和林丹含量。这种微生物学方法对于用木材防腐剂污染的工业木材废料的处理是有效的。但是，受污染的木材在处理之前需要分解成小的木片才能达到净化过程的最大效率。因此，该技术尚没有完全成熟。

8.4 木材表面油漆 / 涂料的清除

木材表面进行油漆工艺，是对其进行装饰和保护的一种方式。油漆在木材表面形成封闭保护层，防止木材与环境频繁的发生水分交换，保证木材含水率处于平衡状态。同时，油漆保护层避免木材长时间暴露在环境中，免受紫外线、水、氧等因素的影响而发生老化，从而延长其使用寿命。在整个老化过程中，油漆层会逐渐劣化，木材表面的漆膜还会因为一些外界条件，如机械损伤或腐蚀介质的侵蚀造成不同程度的损坏，因此需要把旧的漆膜清除干净再涂上新的漆膜。

清除木材表面油漆通常是一个困难且耗时的工作，需要特殊的材料、设备和专业知识。不仅要清除油漆，还要做很多保证基材健康和避免安全隐患的相关保护工作。在清洁油漆之前，必须检查油漆底层是否确实是木材，且油漆下方的木材表面是否劣化到需要更换的程度。在保护等级高的建筑中，应该获得考古工作批准。

8.4.1 木材油漆去留条件

1）当下列条件存在时，不需要去除油漆：

（1）环境污染或黏附在油漆表面上的污垢、烟尘、污染物、蜘蛛网和昆虫茧等可能成为后续漆层黏附屏障的有机物质，可用洗涤剂溶液在漆表面上冲洗，然后用柔软的毛刷清洁，然后用清水彻底冲洗。

（2）霉菌在潮湿和缺乏阳光的地方快速生长，霉菌生长以油漆中的营养物质和附着在其表面上的污垢为食。可以使用不含氯化铵的洗涤剂、家用漂白剂和水（等量）的混合溶液，以柔软的毛刷刷洗霉菌，然后对其进行冲洗。

（3）漆膜表面的粉化是由于漆膜中树脂逐渐分解而引起。粉化可以用洗涤剂溶液清除，并用天然毛刷擦洗。

（4）除非存在染色的需求，否则由木材内含物或木构件所染色的油漆层不需要去除。

2）以下表面，需要清除部分油漆：

（1）木材表面漆层发生龟裂，因为当温度和湿度变化时，厚而脆的油漆层不能随木材基材的变形而发生膨胀和收缩。这种情况需要清洁处理，以防止湿气通过裂纹表面进入木材内。

（2）涂层剥落可能是由于在重新粉刷之前对涂漆表面进行不正确的清洁或处理造成的。涂层失效的另一个原因是涂料类型不兼容，例如传统油漆和乳胶漆。在这两种情况下，油漆都需要通过手工刮擦和打磨除去涂层失效层，但如果所有其他层都粘附良好，则不需要进一步处理。

（3）当涂覆的涂层表面干燥过快并且其溶剂并未挥发掉时，涂料表面会发生溶剂起泡。溶剂最终通过形成气泡蒸发并穿过涂料表面。起泡可能是由湿气造成的，而气泡爆裂露出底部的底漆，则说明引起此现象的原因是溶剂或水分。溶剂泡的大小一般小于水泡，在重新粉刷之前除去起泡表面是必要的。

（4）当漆膜的表层在底层之前干燥时，油漆表面会发生起皱。整个起皱层以及紧靠下面的层应该通过刮擦和打磨来清除。

3）脱木材漆应该掌握的度

当材料表面油漆满足不了美学和保护功能时，通常需要清除以提供用于重新油漆的合适基材。如需清除，则应调查并记录不同年代的油漆层，并在可能的情况下将装饰层的不显眼区域留作建筑物油漆历史的实际记录。完全彻底地去除旧油漆而"露白"对木材也会造成二次伤害，应该避免。

8.4.2　除漆方法

清除木材表面油漆之前必须考虑以下问题：

第一是从事这项工作的人员的健康和安全，因为除漆过程会产生有害物质，如旧的含铅油漆的扩散。第二是否继续使用、保存或重装既有木材。第三是油漆历史的保留及展示。除漆的方法有机械打磨方法、热处理法及化学脱漆剂法等。

1）机械方法

通常可以通过人工刮擦和手动或机械打磨处理已经开裂，层间剥落，起泡或起皱的涂料区域。用来清除的油灰刀和刮刀必须小心使用，以避免刨到下面的木材。表面可以使用由木材、橡胶块或海绵支撑的砂纸打磨平滑或刨薄，打磨需要延伸到凹槽和其他不规则表面。所有的打磨应该顺着纹理进行。

刮擦的大平面，平坦区域可用机械方式打磨。轨道砂光机可有效处理刮削区域并去除有限数量的涂层。它们比带式砂光机更易于控制，且对油漆或木材造成损坏的可能性更小。应避免使用旋转钻头的工具，如磨盘和钢丝刷，因为它们会轻易地留下可见的圆形凹陷或呈现碎裂状的木材表面。

中等压力水和高压水也应该避免，因为水会进入木纹而使木材变形或腐烂。

尽管湿磨和干磨研磨清理对清除油漆有效，但它们通常会在基底木制表面上留下痕迹。这些工艺不能区分春季木材的柔软纤维和夏季木材更硬、更致密的纤维，并且经常导致出现高低凹凸不平的表面。与砌体一样，在清除凹陷区域的涂料之前，研磨性清洁也会损坏雕刻和模制品的突出区域。在从外部木材中清除油漆的情况下，研磨性清洁方法可能是最具破坏性的方法之一。

以上列出的所有手工和机械研磨方法都必须考虑处理铅粉引起的眼睛损伤和含铅废油残留物所引起的健康和安全问题。

2）热处理方法

热处理法通常用于需要全面清除油漆的木材表面。直到最近，喷灯和热风机才被用来软化起泡（blister）涂料，使其能够从表面上刮下。但是，由于意识到使用明火的相关火灾危险，英国在修复历史悠久的建筑的工地通常不接受使用火枪或喷灯。由于可能造成火灾危险，热风机有时也禁止使用。

热方法都需要预防火灾、铅烟、以及对眼睛的损坏，并需要处理含铅油漆残渣。

3）化学方法

施工到木材表面的漆膜涂层都是由热塑性树脂在一定温度下交联固化而形成。它们大多都能溶解或溶胀于适当的有机溶剂中，而脱漆剂组成中的低毒、低挥发性的有机溶剂分子具有很高的渗透性，能通过漆膜分子的空隙，渗透到漆膜或涂层的大分子链段中使其溶解，或使其大分子体积增大而产生内应力。当产生的内应力增大到一定程度时，破坏了漆膜涂层大分子与基材的结合力，从而使得漆膜或涂层从基材上脱离下来。脱漆剂能有效地软化复杂、装饰性基材中的油漆残留物，以及难以通过热风机达到的裂缝或其他区域。在发热设备容易导致玻璃破裂的木窗户框上特别适宜采用脱漆剂进行去除涂料油漆。

经典的木材脱漆剂有四种类型：

（1）有机溶剂型脱漆剂。一般由主溶剂、助溶剂、活化剂、缓冲剂、表面活性剂、增稠剂、抑制挥发剂构成。在选择溶剂时遵循极性相溶原理、溶剂化原则、渗透参数原则。此种脱漆剂脱漆效果明显，但其毒性较强。

（2）碱性脱漆剂。主要成分有苛性钠、磷酸钠、硅酸钠、碳酸钠。碱会导致漆膜中的许多基团发生皂化反应并溶于水，使其失去强度，并丧失与木材之间的附着力。这种类型的脱漆剂缺点是脱漆时间较长，且有一定的腐蚀性。

（3）酸性脱漆剂。一般用体积分数 90% 以上的工业浓硫酸，在室温条件下处理 20~30 分钟，浓硫酸遇到有机物会发生强烈的硫化、脱水，使漆层溶解脱落。除此以外，许多酸性脱漆剂则是在溶剂型脱漆剂中加入甲酸、乙酸、磷酸和硫酸等物质配制而成。酸性脱漆剂带有腐蚀性，适用于不容易脱去的老漆膜，具有效力高和速度快等优势，但其腐蚀性强，在实际操作中不易进行。

（4）水性脱漆剂。主溶剂一般为苯甲醇或苯甲醛，水溶性好、沸点高，有时也加入羟甲基纤维素等助剂提高粘度，增加稳定性。

所有化学除漆剂都被视为危险品，不应忽视使用时的风险。应严格按照生产企业的说明书进行作业，并按照材料安全技术书的要求遵循现有环保法律法规的要求处置使用脱漆剂而产生的废水、废气、固体垃圾等。

8.5　木材的表面保养

木材的特点要求在清洁后做适当的保养，以降低干湿变形等导致的开裂或降低紫外线对木质素的侵害。但更重要的是使木材处在保护环境下，如避免阳光过度照射或潮湿。因为过度的阳光照射或潮湿，会损害裸木的材质，造成木材发生开裂，材质变得酥脆易折。同样，过度的阳光，其紫外线会对木材表面的油饰造成影响，长时间照射，漆膜会发生变色、开裂等现象。因此，应避免阳光过度照射，并保持其干燥。

定期进行油饰是一种可持续养护方法。对于具有油饰的木材表面，要定期进行油漆的更新维护，保证油漆发挥有效装饰和保护作用。历史上没有油漆过的裸木也可以在清洁后涂刷木材专用的保护油漆以延缓开裂、褪色等现象。

历史建筑木材保养用油漆的类型很多，传统的有桐油（很强的桐油气味）、核桃油等植物油脂，现代一般采用水性（干燥时间快）、低 VOC（或零 VOC）的浸渍型漆，薄涂，颜色可以采用无色透明漆（施工木材的颜色会加深），也可以添加可屏蔽紫外线的含有微细无机颜料的半透明漆，前者的耐久性要比后者差。户外保养漆要根据木材的结构类型、所处的微气候环境采用薄涂—厚涂漆。原则上户外保养漆需要具有屏蔽紫外线的功能。养护间隔通常为 1~5 年，视木材结构类型、气候环境而定。

8.6 木材清洁实验案例

8.6.1 裸木的清洁实验研究

针对以浙江温州永嘉地区为代表的我国南方大量木构建筑的修缮技术，找到切实可行的木材清洗方法非常重要，且温州地区的大部分历史木构建筑并未施加彩绘，大多保留了原木的表面肌理，适合清洁以符合当代的审美。陈彦博士选取同一建筑中因腐朽等原因拆卸下来的几组斗拱，作为实验的样本。实验选取清水、羊毛刷、利贝钢丝棉0号、利贝钢丝棉1号等工具，同时选择不同品牌的木质家具专用清洁剂。

经过实验对比，可以看出利用清水清洗木构建筑表面，容易造成木构件颜色的变化，并可能造成木构件局部含水率过高，具有一定的风险。

羊毛刷可以清除木构件表面的浮尘，对于木构件外观基本无影响，但清洁能力也非常有限。

0 号钢丝棉是最为纤细的钢丝，在清洁过程中较容易产生灰尘，但是对木材肌理的保护较好，也具有一定的清洁能力，且对木构件颜色不会产生明显影响。

1 号钢丝棉较 0 号钢丝棉较为粗犷，有更强的清洁能力，对木构件的颜色略有影响，使得木材看起来更新，但是木材肌理并未受到破坏。

综上比较，0 号和 1 号钢丝棉是较为理想的清洁工具，可以根据木材表面污垢的严重程度进行选择和搭配使用。若污垢较为厚重，建议使用 1 号钢丝棉，清洁力度也可略微加大。若污损较为轻微，则可配合 0 号钢丝棉进行清洁。

不同的木材清洁剂的清洁效果存在差异。德国 FROSCH 清洁剂的效果略胜一筹，在基本上不改变木材外观的情况下，做到了较好地清洁效果。但是相对比钢丝棉的清洁效果，清洁剂的效果均略有不足。且清洁剂的成本更高，也同样具有含水率升高的隐患。因此，可以大致得出判断，中性的木质清洁剂多适用于木质家具和地板等较为光滑的材料，并不特别适用于未经抛光打磨的建筑木构件表面。

对于表面污垢厚重的木构件，还尝试了一些电动工具，例如德国产 PROXXON 迷你魔手持抛光机，日本的超音刀等。但经过实验后发现，电动的抛光设备可以去除厚重的污垢层，但是缺陷是由于木构件表面的曲率相差悬殊，需要不断更换不同大小和形状的抛光端，操作并不方便。电动工具对木材表面有一定的磨损，原则上不满足最小干预原则。

根据小规模实验的效果，选取永嘉枫林镇的一处历史民居进行较大面积的清洁实验。实验证明中性和略带碱性的家用清洁剂（洗衣粉、碱）均可以起到清洁木材表面的作用（图 8-4）。经过通风，没有造成木材含水率升高，没有留下导致腐朽的隐患。但这种方法如果用于隐蔽部分，则会导致木材含水率升高，带来木材腐朽的风险。

对永嘉地区裸木的清洁实验证明，从清除能力而言，钢丝棉 > 打磨器械 > 碱性清洁剂 > 中性清洁剂 > 羊毛刷。

8.6.2 采用水性脱漆膏去除旧油漆

在国内，随着对历史建筑保护的愈加重视，历史建筑油漆的老化问题引起人们的广泛注意。清代镇江殷氏六房旧宅笃行堂进行的脱漆工作，采用水性脱漆膏，先清除旧木构表面灰尘，使用刷子将脱漆膏产品涂于旧漆表面，需要均匀覆盖，厚度2~5mm。为了达到更好的脱漆效果，覆盖透明薄膜在已涂刷的脱漆膏表面。常温条件下等待 1~2 小时，涂层所需软化时间根据旧漆的层数、类型及施工环境温度的不同而进行调整。涂层软化后用铲刀轻轻去除旧漆，然后用清水或酒精清洗表面残余的脱漆膏和旧漆（图 8-5）。

图 8-4　保留历史痕迹裸木的清洁
图片来源：陈彦

a 为脱漆前；
b 为涂刷脱漆膏；
c 为覆盖透明薄膜；
d 去除旧漆；
e 脱漆后的效果

图 8-5　采用可降解脱漆膏去除木材油漆
图片来源：陶腊生

后记与致谢
Postscript & Acknowledgements

历史建筑外立面是建筑风貌和建筑艺术等的重要载体，也是留存历史信息及饰面工艺的媒介。因此，对污染的外立面进行最小的干预尤为重要。作为日常维护及保护修复最重要的基础性干预工作，错误的清洁不仅起不到保护的作用，还有可能加剧面层的劣化崩解，彻底毁灭历史信息。

清洁技术的实施可能带来的负面效果主要有两个方面，一个是对建筑本体可能造成的破坏。例如，强酸强碱的清洗剂对墙体可能产生腐蚀或者高压喷砂法对表面的磨损会损坏墙面本体。因清洁技术本身的这种干预属性和发生过的不恰当清洁带来的破坏案例，人们对清洗方式的选择越来越慎重。建筑表面污染物虽然很大程度上影响了艺术审美价值，但并不是所有的附着物都对建筑饰面有破坏作用。一部分附着物会加速材料劣化影响建筑寿命，而另一些暂时没有明显的破坏作用，有的甚至具有保护作用并提供了岁月给予的如画审美。按照保护的"最小干预"原则，需要通过清洁去除的是那些具有明显破坏作用的污染物。因此，判别哪些污染物会加速材料劣化，哪些可以做为古锈保留下来，就成为必需解决的科学问题。日积月累形成的具有沧桑感的古锈，是否应该去除，至今仍然是保护专家、艺术家等争论的重点，但本着"最小干预"原则为主的理念，清洁技术应只针对会加速文化材料（cultural materials）劣化的附着物。

另一方面是清洁对作业人员、周围居民或者环境可能造成的损伤或者危害。如丙酮溶剂等溶剂法、激光法、具腐蚀性的膏敷法对环境有较大的影响。相对来说，水洗方法与手工机械清洗方法可能对本体有一定的危害，但是对环境影响较小。历史建筑外饰面清洁后常再次被污染物附着，不可能是一次性一劳永逸的工作，因此不断的清洁对环境的影响不容忽视。

出于保护目的的清洁技术，在保护技术发展史中占有浓重的一笔。这种清洁不仅是技术，是对延长历史建筑寿命的回应；同时也是艺术的一部分，是对人类保护精神、审美需求的回应。今天，清洁行为的外延也已超越技术本身，如可以通过合适的展呈方式，让人们了解保护行为的过程以及曾经附着在建筑表面的历史痕迹。美国哥伦比亚大学的乔治·奥特罗·派洛斯（Jorge Otero-Pailos）通过乳胶（latex）将石材墙面的灰尘聚集物吸附并制作成艺术品展呈，让人们从另一个角度理解、感受、思考建筑文化遗产。这是清洁技术带来的人文外延，回应了建筑遗产最本质的精神传承的需求。

基于清洁的复杂性，作者在近二十年历史建筑及文物保护研究积累的基础上，开展了多种气候环境下不同饰面类型的微损清洁技术研究与实践。本书是这些研究成果的初步总结，限于时间及篇幅，侧重清洁理念及核心技术的梳理，未展开清洁技术带来的人文外延。

本书是在同济大学高峰计划课题"多气

候环境下外饰面微损清洁技术研究"、国家重点自然科学基金项目：我国地域营造谱系的传承方式及其在当代风土建筑进化中的再生途径（项目批准号：51738008）及高密度人居环境生态与节能教育部重点实验室（同济大学）开放课题"传统建筑材料年代考证方法研究"（201810301）、浙江省南太湖精英计划（2015）城乡遗产建筑保护修复材料等资助下完成的。

本书的撰写过程中，参考了近 200 篇我国从 1981 年开始发表的有关清洁、清洗等论文。限于篇幅，未能在正文及参考文献中一一标注。另外，本书引用了多项未公开发表的研究报告、保护修缮设计方案等成果，特别是中国文化遗产研究院文物保护工程与规划所副研究员孙延忠先生于 2015 年 8 月完成的《全国重点文物保护单位 哈尔滨圣索菲亚教堂维修工程设计——外墙砖保护修复工程》设计方案中有关清水砖墙的研究成果，西北大学周伟强研究员有关大雁塔的研究成果，黄继忠等有关云冈石窟保护的研究成果，上海装饰集团陈中伟先生有关上海广东路 102 号的修复设计方案等。

除作者外，李磊、胡战勇、张德兵、何政、王冰心、陈彦博士等参与部分研发工作；居发玲、周月娥、王怡婕等协助完成了资料整理及统编；撰写过程中，中国文化遗产研究院张之平先生给予了帮助并在初稿完成后提出宝贵的书面修改建议。在此，一并表示感谢。

特别感谢国际古迹遗址理事会原副主席郭旃先生为本书作序，特别感谢中国科学院院士、同济大学教授常青先生对本书撰写、出版的关心与指导。

由于本书涉及的科学领域广泛，而本书仅为阶段性成果，一定存在不足甚至错误，请读者批评指正。联系方式：e-mail：daishibing@tongji.edu.cn.

作者

2019 年 8 月

参考文献
References

[1] 常青等 . 对建筑遗产基本问题的认知 [J]. 建筑遗产 ,2016(01):44-61.

[2] 陈彦 . 温州永嘉地区木构历史建筑微观保护技术研究 [D]. 上海 : 同济大学 ,2019.

[3] 陈颢 , 李晓帆 , 高静铮 , 等 . 大理国地藏寺经幢清洗 [J]. 清洗世界 ,2014,30(01):10-13.

[4] 戴仕炳 , 周永强 , 朱尚有 , 张德兵 . 清水砖墙无损排盐技术及效果评估——以香港牛棚艺术村 PB570 为例 [J]. 文物保护与考古科学 ,2013,25(02):52-58.

[5] 戴仕炳 , 张鹏 . 历史建筑材料修复技术导则 [M]. 上海 : 同济大学出版社 ,2014.

[6] 戴仕炳 , 陆地 , 张鹏 . 历史建筑保护及其技术 [M]. 上海 : 同济大学出版社 ,2015.

[7] 戴仕炳 , 钟燕 , 胡战勇 . 灰作十问 - 建成遗产保护石灰技术 [M]. 上海 , 同济大学出版社 ,2016.

[8] 戴仕炳 , 钟燕 . 历史建筑材料病理诊断、修复与监测的前沿技术 [J]. 中国科学院院刊 ,2017, 32(07):749-755.

[9] 米夏尔·奥哈斯等主编 , 戴仕炳等译 , 石质文化遗产监测技术导则 [M]. 上海 : 同济大学出版社 ,2019

[10] 葛娣 , 段宁 , 黄铿杰 . 溶剂型脱漆剂脱漆效率影响因素的探讨 [J]. 涂料工业 ,2011,41(01):65-68.

[11] 贺章 , 张秉坚 . 蒸汽清洗技术在石材护理和文物保护中的应用和发展趋势 [J]. 石材 ,2011 (07):8-12.

[12] 何政 , 钟燕 , 王冰心 , 戴仕炳 . 牺牲性保护在南方历史清水墙材料修复中的应用——以浙江大学之江校区钟楼立面修复为例 [J]. 建筑科技 , 2018,2(01):14-18.

[13] 黄泳达 . 浅谈使用饰面石材存在的一些问题及解决方法 [J]. 科技信息 ,2006(07):67+51.

[14] 李仁勇 , 李建强 , 杨竞 . 脱除马口铁表面漆层的无机碱性脱漆剂 [J]. 北京科技大学学报 ,2008(06),600-603.

[15] 李勇 , 章毛连 , 张雪梅 . 超声波清洗对石英砂粒度和白度影响的研究 [J]. 硅酸盐通报 , 2014,33(02):289.

[16] 刘景龙 , 刘成 , 陈建平 , 等 . 龙门石窟洞窟雕刻品表面黑色油烟渍清洗实验报告 [J]. 中原文物 ,2000(02) : 42 -55.

[17] 切萨雷·布兰迪 , 陆地 . 修复理论 [M]. 上海 : 同济大学出版社 ,2016.

[18] 沈依嘉 , 周浩 , 沈敬一 . 琼脂凝胶在青铜文物激光清洗中的应用研究 [J]. 文物保护与考古科学 ,2018(03):1-13.

[19] 苏春洲 , 栾晓雨 , 王海军等 . 激光清洗技术的初步研究和应用 [J]. 科技资讯 ,2013 (26):3-6.

[20] 徐勇军 , 祝慧 . 脱漆剂的配方和发展趋势 [J]. 广东化工 ,2008(09):35-38.

[21] 王振海 . 优秀近现代建筑外立面石材清洗与养护技术评析 [D]. 北京 : 北京工作大学 ,2015.

[22] 吴美萍 . 中国建筑遗产的预防性保护研究 [M]. 南京 : 东南大学出版社 ,2014.

[23] 武志富,柳青,陈振兴.不同类型及配方脱漆剂脱漆效果的比较 [J].吉首大学学报(自然科学版),2017,38(02):63-65.

[24] 杨高产,习早红,炳耀,陈炳强,梁银齐,何丽婷.环境友好型脱漆剂的制备 [J].中国涂料,2011,26(10):55-59.

[25] 杨书君,李冰锋.历史建筑清水墙修复工艺探讨 [J].工程建设与设计,2018(06):210-212.

[26] 于群力,杨秋颖,范宾宾,赵林娟.文物超声多功能清洗仪的设计和初步应用研究 [J].文博,2006(03):72-74.

[27] 余腾飞.重庆南宋衙署遗址高台建筑基址生物病害的防治 [D].陕西:西北大学,2016.

[28] 泽田正昭,王琼花,张世贤.文化财保存科学纪要 [M].台湾:国立历史博物馆,2001.

[29] 张学严,郑力鹏.广州近代建筑饰面的主要类型及特点初探 [J].广东园林,2017,39(02):21-26.

[30] 赵林娟.几种常用清洗方法的清洗效果对比讨论 [J].中国文物科学研究,2014(03):85-87+73.

[31] 张秉坚.石材的化学清洗 [J].石材,1999(08):8-10.

[32] 张秉坚,尹海燕.石质文物的清洗技术和清洗效果检测 [J].石材,2000(07):23-25.

[33] 张秉坚,任瑛丽,张西燕,等.激光技术与石质材料清洗 [J].石材,2001(10):11-13.

[34] 张秉坚.古建筑与石质文物的保护处理技术 [J].石材,2002(08):32-36.

[35] 张秉坚,铁景沪,刘嘉玮.古建筑与石质文物的清洗技术 [J].清洗世界,2004(05):25-28.

[36] 张晓彤.浅谈可移动与不可移动石质文物保护修复 [C].2005年云冈国际学术研讨会论文集(保护卷),2005:58-66.

[37] 周伟强.石质文物表面污染物微粒子喷射清洗技术研究 [D].北京:中国地质大学,2015.

[38] 赵林娟,王丽琴,齐扬,周伟强.蒸气清洗在石质文物清洗上的研究现状 [J].文博,2011(06):86-88.

[39] 国家文物局.WW/T 0002-2007 石质文物病害分类与图示 [S].北京:文物出版社,2008.

[40] 国际古迹遗址理事会中国国家委员会.中国文物古迹保护准则 [S].2015.

[41] A. Patelli, E. Verga, L. Nodari, S. M. Petrillo, A. Delva, P. Ugo and P. Scopece. A customised atmospheric pressure plasma jet for conservation requirements[J]. Conf. Series: Materials Science and Engineering 364 (2018) 012079 doi:10.1088/1757-899X/364/1/012079

[42] Ana Mouraa, Inês Flores-Colenb. Study of the cleaning effectiveness of limestone and lime-based mortar substrates protected with anti-graffiti products [J].Journal of Cultural Heritage 24 (2017) 31–44.

[43] A.C.Tam,W.P.Leung,W. Zapka et al. Laser-cleaning techniques for removal of surface particulates[J].Journalof Applied Physics,1992,71(7): 3515-3523 .

[44] Achim Unger.Decontamination and "deconsolidation" of historical wood preservatives and wood consolidants in cultural heritage[J]. Journal of Cultural Heritage, 2012, 13(03):196-202.

[45] A．Moropoulou , E.T. Delegou. Digital processing of SEM images for the assessment of evaluation indexes of cleaning interventions on Pentelic marble surfaces[J]. Materials Characterization,2007(58): 1063-1069.

[46] Barry M E. Method and composition for cleaning tombstones[P].US Patent,1962-11-13.

[47] Carretero M I.Application of sepiolite – cellulose pastes for the removal of salts from building stones[J]. Appl Clay Scie,2006,33(1) : 43 – 51.

[48] Cappitelli F,Toniolo L.Advantages of using microbial technology over traditionalchemical technology in removal of black crusts from stone surfaces of historical monuments[J]. Appl Envir Microbiol,2007(9): 5671-5675.

[49] Carretti E,Giorgi R,Berti D,et al.Oil-in-water Nanocontainers as Low environmental Impact Cleaning Tools for Works of Art:Two Case Studies[J]. Langmuir,2007(23):6396-6403.

[50] Carl E. Doebley, Seymour Z. Lewin and Sherman Aronson. Detergent and Hypoc-hlorites for the Cleaning of Travertine APT Bulletin [J]. The Journal of Preserva-tion Technology, 1991,23(02): 54-58.

[51] C.M.Grossia.D.Benaventeb. Colour changes by laser irradiation of reddish building limestones [J]. Applied Surface Science , 2016(384): 525–529.

[52] Eric Doehne,Clifford Price. Stone Conservation: An Overview of Current Research (Second Edition) [M]. Los Angeles: The Getty Conservation Institute, 2010.

[53] Elisa Franzoni. The environmental impact of cleaning materials and technologiesin heritage buildings conservation [J]. Energy & Buildings,2018(165): 92–105.

[54] Elena Mercedes Perez-Monserrat, Rafael Fort. Monitoring façade soiling as a maintenance strategy for the sensitive built heritage[J]. International Journal of Architectural Heritage,2018: 816-827.

[55] Gaspar P. A topographical assessment and comparison of conservation cleaning treatments[J]. J Cult Herit,2003,4(1): 294-302.

[56] Giovanna A. On the cleaning of deteriorated stone minerals[C]. Thiel M J.Conservation of stone and other materials.Held at UNESCO headquarters,Paris,June 29-July 1,1993: 503 -511.

[57] G.S.Senesi.I.Carrara bLaser cleaning and laser-induced breakdown spectroscopy applied in removing and characterizing black crusts from limestones of Castello Svevo, Bari, Italy: A case study[J].Microchemical Journal,2016(124): 296–305.

[58] Heiner Siedel. Katrin Neumeister. Laser cleaning as a part of the restoration process: removal of aged oil paints from a Renaissance sandstone portal in Dresden, Germany[J]. Journal of Cultural Heritage, 2003 (4): 11–16.

[59] Iqbal Marie. Perception of darkening of stone facades and the need for cleaning[J]. International Journal of Sustainable Built Environment, 2013(2): 65-72.

[60]   Jukka Jokilehto. History of Architectural Conservation[M]. Amsterdam: Elsevier, Butterworth, Heinemann, 2002.

[61]   Jorge Costa1; P. V. Paulo2; F. A. Branco3; and J. de Brito4.Modeling Evolution of Stains Caused by Collection of Dirt in Old Building Facades[J]. Journal of performance of constructed facilities, 2014,28(2): 264-271.

[62]   K. Imen,S. J. Lee, S.D.Allen. Laser -assisted micron scale particle removal [J]. Applied Physics Letter,1991,58(2): 203-205.

[63]   Lal B B.Science and archaeological preservation,carriers and cour-ses[M]. Archaeological Survey of India,New Delhi,1965: 32-34.

[64]   L. Bergamonti a, G.Predieri b.Enhanced self-cleaning properties of N-doped TiO_2 coating for Cultural Heritage[J]. Microchemical Journal,2017(133):1-12.

[65]   L.G.W. Verhoef (ed.), Soiling and Cleaning of Building Facades [M]. Taylor & Francis, 1988.

[66]   Leznicka S,Strzelczyk A,Wandrychowska D.Removing of fungalstains from stone – works[C] // 6th International Congress on De-terioration and Conservation of Stone,University Mikoaja Koperni-ka Toruniu. 1989: 102- 110.

[67]   Maureen E Young, Jonathan Ball.Richard. Maintenance and repair of cleaned stone buildings [M]. Historic Scotland, 2003.

[68]   Miguel Carvalhãoa. Amélia Dionísiob. Evaluation of mechanical soft-abrasive blasting and chemical cleaning methods on alkyd-paint graffiti made on calcareous stones[J]. Journal of Cultural Heritage 2015(16): 579–590.

[69]   Moropoulloua, Th.Tsiourvaa. Evaluation of cleaning procedures on the facades of the Bank of Greece historical building in the center of Athens [J]. Building and Environment, 2002 (37): 753–760.

[70]   Nicholas Stanley Price, Mansfield Kirby Talley, Alessandra Melucco Vaccaro（editors）. Historical and Philosophical Issues in the Conservation of Cultural Heritage[M].The Getty Publications,1996.

[71]   NICOLA ASHURST, Cleaning historic buildings[M]. Volume 1 SUBSTRATES, SOILING AND INVESTIGATIONS, Donhead Publishing, Ltd, 1994.

[72]   NICOLA ASHURST Cleaning Historic Buildings[M]. Volume 2 CLEANING MATERIALS AND PROCESSES Donhead Publishing, Ltd, 1994.

[73]   Peter Brimblecombe T, Carlota M. Grossi. Aesthetic thresholds and blackening of stone buildings. [J] Science of the Total Environment, 2005(349): 175-189.

[74]   P.M. Carmona-Quirogaa. S. Martínez-Ramírezb. Efficiency and durability of a self-cleaning coating on concrete and stones under both natural and artificial ageing trials[J]. Applied Surface Science, 2018(433): 312-320.

[75]   Qian X, Zhang Q, Wilkinson S, Achal V. Cleaning of historic monuments: Looking

beyond the conventional approach[J].Journal of Cleaner Production, 2015(101): 180-181.

[76] Stefano Voltolinaa, Luca Nodarib, Assessment of plasma torches as innovative tool for cleaning of historical stone materials [J] Journal of Cultural Heritage, 2016(22): 940–950.

[77] Snethlage, R. (2008): LeitfadenSteinkonservierung – Planung von Untersuchung-en und Maß-nahmen zur Erhaltung von Denkmalen aus Naturstein[M]. Fraunhofer IRB Verlag，Stuttgart, S.97-98.

[78] Toreno.Study of the action of tetrasodium EDTA on calcium, copper and iron compounds present in calcareous materials[J]. OPDrestauro: rivista dell'Opificio delle pietre dure e Laboratorio direstauro di Firenze,2004(16): 114- 121.

[79] T. Rivasa, S. Pozoa. Nd:YVO4 laser removal of graffiti from granite. Influence of paint and rock properties on cleaning efficacy [J]. Applied Surface Science,2012.

[80] W. Zapka,W. Z i eml i c h , A . C . T a m.Efficient pulsed laser removal of 0.2μm sized particle from a solid surface[J].Applied Physics Letter,1991,58(20) :2217-2219.

[81] Weeks, K.D. and Look,D.W. Exterior Paint Problems on Historic Woodwork: Preservation Briefs 10, Technical Preservation Services Division,Heritage Conservation and Recreation Service [M]. Washington: US Government Printing Office, 1982.

[82] Young M. Algal and lichen growth following chemical stone cleaning[J]. J Archit Conserv ,1998(3): 48-58.

[83] Zhu Xiaomin., Zhou Yuee., Dai Shibing. Conservation and Restoration on Cement-Based Renders of Built Heritage in Shanghai, PR China[J]. In: Aguilar R., Torrealva D., Moreira S., Pando M.A., Ramos L.F. (eds) Structural Analysis of Historical Constructions. RILEM Bookseries, 2019(18):241-249.

未公开发表的研究报告及保护修缮方案

[1] 孙延忠（中国文化遗产研究院）等，全国重点文物保护单位 哈尔滨圣索菲亚教堂维修工程设计 —外墙砖保护修复工程， 2015 年 8 月

图书在版编目（CIP）数据

历史建筑外饰面清洁技术 / 戴仕炳等著 . -- 上海：
同济大学出版社，2019.10
  ISBN 978-7-5608-8588-9

  Ⅰ.①历… Ⅱ.①戴… Ⅲ.①古建筑－建筑物－清洗
Ⅳ.① TU746.2

中国版本图书馆 CIP 数据核字（2019）第 123539 号

历史建筑外饰面清洁技术
Cleaning of Historic Architectural Facade

戴仕炳　朱晓敏　钟燕　陈琳　张涛　著
By Shibing Dai Xiaomin Zhu Yan Zhong Lin Chen Tao Zhang

责任编辑　荆　华　　　责任校对　徐春莲　　装帧设计　张　微

出版发行　同济大学出版社 www.tongjipress.com.cn
　　　　　（地址：上海市四平路 1239 号　邮编：200092　电话：021–65985622）
经　　销　全国各地新华书店
印　　刷　上海安枫印务有限公司
开　　本　787mm×960mm　1/16
印　　张　7.5
印　　数　1—2100
字　　数　150 000
版　　次　2019 年 10 月第 1 版　　2019 年 10 月第 1 次印刷
书　　号　ISBN 978-7-5608-8588-9
定　　价　68.00 元